地球温暖化とアメリカの責任

さがら邦夫
Sagara Kunio

藤原書店

地球温暖化とアメリカの責任

目次

地球温暖化とアメリカの責任

はじめに
人間中心主義の浪費文明を抑制し、生命中心主義の新文明の構築を

回転踏み車を踏み続けるハツカネズミに似た大量浪費・廃棄文明

私たち日本人はいま、疲れ果てている。日本だけでなく、世界の多くの国も息切れしている。経済成長という〝呪縛〟にとりつかれ、息せき切って浪費経済を追い求め続けてきたせいだ。ハツカネズミが、回転する踏み車を踏み始めると止まらなくなるように、私たち人間も「大量生産・大量消費・大量廃棄」という回転する浪費文明の踏み車を、絶えず踏み続けなければ生きて行けなくなってしまった。

なんとも滑稽な浪費文明のルーツは、十八世紀後半にイギリスで興った産業革命に端を発する。それを美徳化し世界に広めたのは、二十世紀のアメリカに他ならない。踏み車にいささか飽きて気がついたら、私たちの生存基盤である地球環境を汚染・破壊し、大気中の二酸化炭素（CO_2）の濃度を過去二〇万年間のうちで最も上昇させ、地球の大気さえ人為的に暖め始め、人類の運命さえ危うくしかねない状態にさせていたの

である。

二十世紀後半の半世紀を風靡した〝アメリカ型文明〟は、世界をあまねくモノとカネの所有量で推し量る価値観を定着させ、世界を二極分解させたうえ、グローバル化の下に、ますます踏み車の回転速度を上げ始めている。経済開発をとっくに卒業した先進国は、物質的に極めて豊かになり、便利な生活をエンジョイしている。だが、経済開発の後れをとった途上国は、社会福利の面でも、安心して暮らせる段階に到っていない。

ヨハネスブルク地球サミットで問われる「持続可能な開発(発展)」の中身

それにもかかわらず、開発に欠かせない地球上の資源は、石油や森林にしても、水や魚類にしてもほとんど枯渇が懸念され始めている。環境と開発をめぐる対策問題は、十九世紀から環境を原生自然のまま「保存」するのか、適切な開発を認めて「保全」するのか、その狭間で揺れ動いてきた。国連は、環境と開発を両立させる「持続可能な開発（発展）」を普遍原則として、一九九二年の「リオ地球サミット」（環境と開発に関する国連会議）で、世界へ向け高らかに発信し、それを実現するため、二十一世紀へ向けての「アジェンダ21」行動計画を打ち出した。だが、それから十年経っても、「アジェンダ21」行動計画はほとんど実行されておらず、途上国（南）と先進国（北）の経済格差は縮まっていない。二〇〇二年八月末に開催される「ヨハネスブルク地球サミット」（環境と開発に関する世界サミット）では、この行動計画を検証し、新行動戦略が打ち出される。最貧困生活者の半減、実行に必要な先進国からの資金拠出など難問が山積している。エネルギーと物資を集約的に使用する先進国の生産・消費形態の抑制は猶予のできない問題だ。

「ヨハネスブルク地球サミット」では、地球温暖化の原因である二酸化炭素などの温室効果ガスの排出量削減を先進国に義務付けた「京都議定書」を発効させることが、大きな焦点になるはずだった。だが、アメリカの議定書離脱が悪影響を与え、批准先進国の排出量合計が規定に達せず、議定書の発効は見送られ、画竜点睛を欠くことになった。

「京都議定書」を拒否して色あせたアンクルサム

自由と民主主義を広め、世界を啓発したかつてのアンクルサム（アメリカ）の勇姿は、ブッシュ第四三代大統領が就任した直後の二〇〇一年三月に、突然の「京都議定書」からの離脱により、色あせて、みすぼらしくなった。ブッシュ氏は、その理由として、一九七〇年代の石油危機と同じくらいの打撃を国内経済に受ける可能性や、「京都議定書」の科学的根拠などの疑問を挙げた。しかし、議定書の科学的根拠にまで文句をつけるのは無理があるようだ。なぜなら、米科学アカデミーと米工学アカデミーは、議定書の科学的根拠となっている国連の「気候変動に関する政府間パネル（ＩＰＣＣ）」の第三次評価報告書の内容を概ね支持しているからだ。世界の第一線の科学者約二〇〇〇人が参加するＩＰＣＣのこの報告書は、二十一世紀末までに地球の平均気温が最高で六度近く上昇すると予測している。論より証拠に、実際に氷河の後退、異常気象の多発、動植物相の変化など、世界各地で起こっている数多くの気候変動の実態を見れば、地球温暖化が刻一刻と進んでいることは明らかだ。「京都議定書」の下でアメリカは、二〇一〇年を目途に温室効果ガスの排出量を一九九〇年と比べ七％削減する必要がある。実際には排出量が三〇％以上も増加することが避けられそうになく、議定書のハードルを飛び越せないため、いち早く〝敵前逃亡〟したと見るほうが妥当なのである。

科学・技術と市場経済至上主義の「カウボーイ倫理」はいずれ崩壊？

アメリカが「京都議定書」を拒否し、ひんしゅくを買った問題の核心は、世界全体の約四分の一にのぼる二酸化炭素を排出するアメリカ自身が、世界に普及させた浪費経済と大量廃棄文明を率先垂範して抑制し、環境と両立させる持続可能な新しい経済・社会システムを構築できるかにあるのである。アメリカは、十九世紀初めのモンロー宣言によって欧州の強国がアメリカ大陸へ介入するのを排除し、国際的な地位を確立して国内の辺境の地だった西部開拓を進め、自由・独立・創造といった進取に富むフロンティア精神を高揚させた。このフロンティア精神は、地球上に未開発地と資源が豊富にあるうちはうまく機能し、自然環境から資源を搾取し、経済発展と物質的な繁栄を築く、いわゆる「カウボーイ倫理」が成り立った。だが、地球上の資源に限界が見え、開発の可能なフロンティア（辺境）が無くなった今、数量的なフロンティアの拡大を図るカウボーイ倫理は成立しないし、いずれ破綻せざるを得ない。

しかし、カウボーイ倫理を信奉するブッシュ氏をはじめアメリカの為政者たちは、科学・技術がいずれ資源の枯渇と環境破壊を解決してくれるだろうと過剰な期待を抱いて、科学・技術のうちにフロンティアの追求がなお可能だと信じ込んでいる。ブッシュ氏は、国家エネルギー政策で温室効果ガスの排出量を技術開発によって削減する対策を前面に打ち出した。アラスカの野生生物保護地区の開発や原子力発電所の増設も本格化しそうだ。科学・技術は決して万能ではない。技術を機能させるには、必ずエネルギーが要ることを忘れてはならない。世界中に急速に普及する携帯電話は、固定電話のような電話線は要らないが、新たな電力（エネルギー）を必要とし、廃棄物を増やす。科学・技術は、それによって開発された製品を、回転踏み車の浪費経済の市場へ送り込む先導役を演じているのだ。

「シカゴ気候取引所」の開設で始まる空気の成分CO_2の排出量取引

それでなくとも投機対象の乏しくなったアメリカの市場経済は、もともと空気の成分でもある二酸化炭素まで取引の対象とし、「シカゴ気候取引所（CCX）」を創設し、メキシコ、カナダを巻き込んで二酸化炭素の排出量（権）の取引開始を虎視眈々と狙っている。「京都議定書」は、各国の温室効果ガスを削減しやすくするため、国際的な取引システムを認めている。議定書が発効すれば、欧州連合（EU）、日本などの〝合法市場〟と、アメリカの〝非合法市場〟が乱立して、二〇〇〇億ドル（約二四兆円）市場と言われる世界の二酸化炭素の排出量をめぐって熾烈な争奪戦が展開されることになりそうだ。地球環境対策問題の最大の矛盾は、現状の浪費経済を容認したまま、消費の抑制を図るという基本的に全く相容れない課題を同時に進めていることにある。これは水道の蛇口を開いたまま、節水をするようなものだ。ヨハネスブルク地球サミットのスローガン「持続可能な開発」には統一基準が無く、開発に重点が置かれているのが現状だ。

「京都議定書」を拒否したアメリカの地球温暖化対策は、進取のアンクルサムが独善の退嬰に成り下がったことに他ならない。二十一世紀のフロンティアは、市場経済と科学・技術を偏重し過ぎた人間中心主義の開発文明にあるのではなく、開発は適切な規模に抑え、エコシステム（生態系）と共存を図る生命中心主義の文明の構築にあるのである。

I

ヨハネスブルクで問われる
リオ地球サミットの課題

1　地球サミットは何をもたらしたか

議論より実行が急務のヨハネスブルク地球サミットの「持続可能な開発」の対策

二十世紀の最後の一〇年は、人類の誕生以来、地球の自然環境からすべての生きる糧を一方的に奪い取り続けてきた私たち人間が、環境を保護し、環境と開発を両立させる「持続可能な開発（発展）」に目覚めた画期的な時代だった。国連だけでなく、今や私たち人類の普遍原則ともなった「持続可能な開発」のメッセージは、一九九二年のリオ地球サミット（環境と開発に関する国連会議）から正式に全世界に向けて高らかに発信された。二十一世紀に足を踏み入れ、リオ地球サミットから一〇年を経たいま、私たちはその普遍原則が実現できるのか、環境と開発の狭間に立って揺れ動き、漂流を始めているといって過言ではない。

アメリカの主導する情報技術（ＩＴ）革命と一体となったグローバル化は、新たな需要を産み出し、世界経済の活性化に一役買った。だが、投機経済化したグローバル化は、人々の物質的な欲望を掻き立て、エネルギーと物資を大量浪費する旧来の生産・消費形態を促進し、むしろ〝持続不可能な開発〟の方向へと、世界を逆戻りさせている。地球環境の保全には、森林資源などに大幅に依存する貧困生活者の生活水準の向上が欠かせない。貧困生活者は一〇年前と比べほとんど減っておらず、ＨＩＶ／エイズの感染者は一九八一年の発生確認以来、三六〇〇万人に激増するなど、人類の生存基盤であるエコシステム（生態系）は悪化している。

地球環境を改善し、「持続可能な開発」を促進するため、リオ地球サミットで採択された二十一世紀へ向けての行動計画「アジェンダ21」は、一〇年を経たにもかかわらず、多くの国が約束を実行しておらず、先進国が発展途上国へ供与する資金も減少している。二〇〇二年八月末から九月初めにかけて、南アフリカのヨハネスブルクで開催される「持続可能な開発に関する世界サミット」（ヨハネスブルク地球サミット）で、世界は議論より対策の実行を迫られる。

ほとんど実行されていないリオ地球サミットの行動計画「アジェンダ21」

リオ地球サミット、正式には「環境と開発に関する国連会議（ＵＮＣＥＤ）」は、一九九二年六月にブラジルのリオデジャネイロで開催された。この地球サミットは世界一七八か国の代表と約一万七〇〇〇人が参加する史上最大の画期的な会議となり、「環境と開発に関するリオ宣言」、「アジェンダ21」行動計画、「森林原則声明」が採択され、「気候変動枠組み条約」と「生物多様性条約」が調印された。この地球サミットは持続可能な開発へ向けて期待を高め、各国政府と市民社会は二十一世紀へ向け力を合わせて、地球環境の劣化傾向を逆転させ、天然資源を長期的な開発のために利用し、飢えと貧困の根絶に取り組む決意と戦略を鮮明に打ち出したのだった。それから一〇年の歳月が流れ、地球環境と開発の全体にわたる傾向はむしろ一九九二年当時より悪化しており、「アジェンダ21」行動計画の実行がいっそう緊急性を増している。「ヨハネスブルク地球サミット」の責任は余りにも大きい。

「アジェンダ21」は、地球環境の保全と「持続可能な開発」を実行するための行動計画であり、貧困の根絶、消費形態の変更、人口動態と持続可能性をはじめ、大気保全、森林減少対策、農業と農村開発、生物多様性の保全、海洋生物資源の保護と管理、淡水資源の質と供給の保護、有害廃棄物の不法な国際取引の防止、資金源など、二十一世紀に向けて必要な行動計画が、幅広く四〇章にわたって盛り込まれている。持続可能な社会を実現するため、非政府組織（NGO）、地方公共団体、産業界などの果たす役割を重視している。

リオ地球サミットが開かれた一九九二年は、第二次大戦後の東西冷戦構造が旧ソ連の崩壊により終結した直後でもあったことから、核戦争の脅威が薄らいで、先進国と発展途上国の南北対立も和らぎ、世界に相互利益に基づく協力とパートナーシップの精神が高まっていた。リオで先進国は、環境と開発について「共通だが差異のある責任」原則を受け入れ、途上国への財政、技術援助を増大する必要性を認めた。その代わりに途上国は、「アジェンダ21」行動計画を実行し、先進国と協力して地球環境を改善する責任を負った。だがその後、多くの先進国と途上国で、アメリカの主導するグローバル化による国際競争激化の影響を受けて、経済や社会が不安定化した。このため、多くの途上国は財政危機、債務負担の増大、社会騒動の発生などの対応に追われ、「アジェンダ21」行動計画の実行は後回しになった。一部の途上国では政治的不安定と暴動に見舞われ、計画の実行は中断した。国連が二〇〇二年三月にまとめた「アジェンダ21」行動計画の実行結果の集計では、地球環境悪化の主要原因である貧困根絶対策を実行済みあるいは実行中と回答した国はわずか三八％に過ぎない。同じく感染症の予防など健康の保護と促進対策は四一％、安全な飲料水など淡水資源の質と供給を保護する対策は四二％、リサイクルなど生産・消費形態の変更対策は三三％と、各国の取り組みは遅々として進んでいない。

「持続可能な開発」の歴史——事実上初の地球サミット、国連人間環境会議

「アジェンダ21」行動計画が前提とする「持続可能な開発（発展）」は、一九八七年に国連の「環境と開発に関する世界委員会」（通称ブルントラント委員会）が提唱した概念である。ブルントラント委員会は、現行の世界経済のあり方を根本的に変え、環境保全と経済成長の両立を目指し、その目標の課題として①貧困とその原因の排除②資源の保全と再生③経済成長から社会成長へ④環境と経済の統合を掲げた。この概念がリオ地球サミットで「リオ宣言」として採択され、国連の普遍原則の一つになったのである。

世界が「持続可能な開発」の原則に意見の一致を見るまでには、一九七二年の「国連人間環境会議」（ストックホルム会議）にまで遡る必要がある。国連人間環境会議は、同年六月にスウェーデンの首都ストックホルムに

世界一一三か国の代表が参加して開催され、人間環境の保護と改善をすべての国の義務とする「人間環境宣言」（ストックホルム宣言）を採択した。この宣言の中にある原則は、①天然資源の保全②再生不能な資源の共有③途上国の開発計画へ環境保護対策を導入するための援助の実施④環境保護と開発の両立⑤海洋汚染の防止などを謳っており、環境と開発の両立はすでに三〇年前に地球環境の将来を決定づける重要な課題となる趨勢にあったのだ。この会議の翌一九七三年に、ケニアの首都ナイロビに「国連環境計画（UNEP）」が設立され、途上国に初めて誕生した国連機関となった。地球サミットの系譜をたどると、ストックホルム会議が事実上、最初の地球サミットであり、リオが二回目、ヨハネスブルクが三回目とする見方が多い。

ストックホルム会議には、約四〇〇を数える非政府組織（NGO）、政府間組織が参加し、この会議以降、世界的にNGOが環境保全に果たす役割が増した。さらに、この会議は開発と環境をめぐる途上国と先進国の対立を和らげるきっかけにもなった。一九七〇年代は、二度にわたる石油危機（一九七三年と七九年）を頂点に、途上国側が資源ナショナリズムを主張して先進国本位の世界経済秩序の改革を迫り、先進国と途上国の対立が先鋭化していたからである。

世界の経済成長、貿易体制から取り残されたアフリカ諸国

一九七〇年代、八〇年代と比べ、一九九〇年代ははるかに動乱の少ない一〇年となり、前半の五年間に多くの国が経済成長を享受した。国連のヨハネスブルク地球サミット事務局は、先進国の国内総生産（GDP）

成長率が一九八〇年代の約三%から一九九〇年代には二・三%に低下したのに対し、発展途上国におけるGDPの平均成長率は同じ時期に二・七%から四・三%に増加したとしている。この数字から見る限り、先進国と途上国との経済格差は縮小したかのように見えるが、実際はそうではない。決してすべての国が利益を受けたわけでなく、途上国の中でもアフリカの経済成長率は微々たるものであり、人口の急増が経済成長の利益をむしばみ、アフリカと他地域の途上国との生活水準の格差はむしろ拡大した。アフリカ以外の途上国も市場経済への移行のため経済・社会状態が悪化し、GDP成長率は一九八〇年代の一・八%上昇から一九九〇年代には逆に二・五%低下している。

こうした動向は、世界貿易でも見られた。一九九〇年代の世界貿易は隆盛をきわめ、世界全体の輸出は年間平均六・四%上昇し、二〇〇〇年には総額六兆三〇〇〇億ドル(約六九〇兆円)に達した。途上国の輸出も一九九〇年代に年間平均九・六%増加した。だが、アフリカの世界貿易に占める割合は一九九〇年の二・七%から二〇〇〇年には二・一%に落ち込んでいる。

「アジェンダ21」の実行を妨げる途上国の財政、技術、人的資源の不足

確かに一部の途上国は一九九〇年代の好況時に高い経済成長を遂げたが、その多くは取り残されたのが現実なのだ。これら途上国の直面した窮状は、「アジェンダ21」行動計画を実行する上で必要な財政、技術援助の供与を、ほとんどの先進国が実行しなかったために倍加したのである。その結果、豊かな先進国と貧しい

途上国の経済格差は拡大した。先進国の一人当たりの年間所得は一九八〇年の一万八〇〇〇ドルから九八年には二万五〇〇〇ドルに跳ね上がり、七〇〇〇ドル（三九％）も増えた。これに対し、途上国の一人当たりの年間平均所得は、同じ時期に一〇〇〇ドルから一三〇〇ドルへと、わずか三〇〇ドル（三〇％）増えたに過ぎない。しかし驚くことに、最も貧しい途上国の一人当たりの年間所得は、増えるどころか、逆に一九八〇年の二八二ドルから九八年の二五八ドルへと減っているのである。アフリカのサハラ砂漠以南にある諸国の一人当たりの年間所得も、同じ時期に四三八ドルから三五三ドルに減少している。

発展途上国における資金をはじめ、人的、技術的な資源不足は、とりもなおさず「アジェンダ21」行動計画の実行を阻害する決定的な要因となっている。熱帯地域の途上国では、森林の伐採と劣化が深刻な問題となっている。森林伐採の一部は、商業用材木の切り出しや放牧地の整備、商業用農業を目的としているが、貧困が持続できないやり方での森林資源の開発を余儀なくしているのである。森林伐採の結果、生物の生息地の減少を招き、生物多様性をも脅威にさらしている。

年間六二五〇億ドル必要な「アジェンダ21」の実行資金、先進国が難色

リオ地球サミットで採択された「アジェンダ21」行動計画を実行するには、発展途上国に資金が必要である。先進国は国連で一九七〇年に国民総生産（ＧＮＰ）の〇・七％を政府開発援助（ＯＤＡ）に充てることに合意した。リオ地球サミットはこの約束を再確認し、「アジェンダ21」行動計画の迅速で有効な実行に向け援助

計画を拡大することで一致した。リオ地球サミット事務局は、「アジェンダ21」の行動を実行するための費用として、（一九九三年から二〇〇〇年までに）年間平均六二五〇億ドル（二〇〇〇年の円換算で約六九兆円）にのぼる資金が必要と推計した。このうち、年間一二五〇億ドルは、先進国から途上国へ贈与または緩和された条件で提供される資金だった。一九九二年当時、先進国のＯＤＡ援助額は年間平均六〇〇億ドルを下回っていたので、援助額の倍増が求められたのである。

リオ地球サミットでの約束にもかかわらず、その後の先進国のＯＤＡは逆に低下の一途をたどった。国連のヨハネスブルク地球サミット事務局によると、ＯＤＡの総額はリオ地球サミットの開催された一九九二年の五八三億ドルから九〇年代を通じて減り続け、二〇〇〇年には五三一億ドルに落ち込んだ。先進国によるＯＤＡの拠出比率（国民総生産＝ＧＮＰに占める割合）も、一九九二年の〇・三五％から二〇〇〇年には〇・二二％へと後退している。最も貧しい途上国のほとんどはＯＤＡが少なくとも四分の一に減らされ、中でもアフリカの七か国はＯＤＡが半減している。

政府開発援助(ＯＤＡ)の目標を達成したのはデンマークなど五か国だけ

国連総会の特別総会が一九九七年にリオ合意の実行状況を検証したところ、ＧＮＰの〇・七％をＯＤＡに充て目標を達成していたのは、デンマーク、ルクセンブルク、スウェーデン、ノルウェー、オランダのたった五か国に過ぎなかったのである。イギリスの環境情報機関アーススキャンの『地球サミット二〇〇二』によると、先進国で構成する経済協力開発機構（ＯＥＣＤ）の加盟国の中でも、フランスの場合、高水準の政府援助を約束したのに背いて、一九九二年の〇・六三％から九八年には〇・四一％に減らした。ドイツも新政権の誕生で援助増加が期待されたにもかかわらず、一九九二年の〇・三九％から〇・三％以下に落ち込んだ。日本はＯＤＡの総額は二〇〇〇年まで一〇年間トップだったが、ＧＮＰに占める割合は〇・三五％と低く第七位に留まっている（九九年）。日本のＯＤＡ総額は二〇〇一年にアメリカに抜かれた。こうした先進国によるＯＤＡの減少分を地球環境ファシリティ（ＧＥＦ）からの特別援助（四〇億ドル）や欧州連合（ＥＵ）からの援助増加で補おうとしたが、埋め合わせることができなかった、とアーススキャンは指摘している。地球環境ファシリティは、世界銀行、国連開発計画（ＵＮＤＰ）、国連環境計画（ＵＮＥＰ）が一九九一年に設立し、途上国の環境保全事業に融資を行っている。

しかし、リオ地球サミットの合意の実施状況を検証した一九九七年の国連特別総会が転機となり、一部の先進国がＯＤＡ援助の増加を始めた。ＯＤＡ優等国のノルウェーは二〇〇一年までにＯＤＡの対ＧＮＰ比一％（一九九八年は〇・九一％）の達成を、またポルトガルは二〇〇六年までに〇・七％（同〇・二四％）の達成を約束した。イギリスは二〇〇一年までに〇・三％（同〇・二七％）に、またアイルランドは二〇〇二年までに〇・四五％（同〇・三％）に引き上げることを打ち出した。さらに優等国のスウェーデンとオランダは現行の〇・八％の継続を、同じくデンマークも現行の一％の継続をそれぞれ約束している。アメリカのＯＤＡは一九九七年までの四年間に〇・一％に低迷していたが、一九九八年には一挙に一〇％引き上げた。こうしたＯＤＡの援助額や効果の問題はともかく、ＯＤＡ援助額のうちどの程度が「アジェンダ21」行動計画に充てられているのか、実態が正確に掌握されていないのも問題なのである。

途上国の経済を破綻させた企業、銀行の急激な直接投資

リオ地球サミット以来、多くのOECD加盟諸国が軒並みにODAの援助額を引き下げたのに対し、アメリカが主導したグローバル化は極めて投機的な金融本位の市場経済を加速させた。急激な外国資本の流入によって多くの国が利益を受けたのとは対照的に、資本の逆流により金融危機が一九九五年にメキシコに突発し、九七年からタイ、韓国など東南アジアや東アジア諸国へと拡大した。アメリカを中心とする先進国の法人（企業など）や商業銀行は特に一九九〇年代に途上国への直接投資を急激に増やした。アーススキャンの『地球サミット二〇〇二』によると、一九九八年までの一〇年間に、世界の法人や商業銀行から途上国へ流入した資金総額は、約四四〇億ドルから実に約五倍の二二七〇億ドル以上に達した。このうち、OECD加盟諸国の法人が行った直接投資額は、一九九〇年の二四五億ドルから九八年には約六倍の一五五〇億ドルに急増した。また商業銀行の貸付額は一九九二年の一六五億ドルから九七年には六〇一億ドルへと三・七倍に、また債券貸付額は一九九二年の一一一億ドルから九六年の五三五億ドルへと約五倍にそれぞれ膨張した。ところが、一九九七年から九八年にタイや韓国など東南アジアや東アジア諸国で金融危機が発生するや否や、商業銀行は一斉に貸付金を回収し、貸付額は逆に半分以下の二五一億ドルに、債券貸付額も三〇二億ドルへと急減した。さらに法人による直接投資の八〇％以上は二〇か国以内に集中しており、アフリカのサハラ砂漠

以南の低所得国に対してはほとんど行われていない。これら低所得国への直接投資額は、一九九二年の五〇億ドルから九八年には一五二億ドルへと三倍に増えているが、直接投資額全体のわずか五％を占めているに過ぎない。

途上国の「アジェンダ21」の実行を停滞させた貧困

過去一〇年間に目まぐるしく繰り広げられた急激な資本の流入と流出劇は、多くの途上国に為替損益や国際競争力の低下、借入金の返済不能を招いただけでなく、政府の歳入、開発計画の縮小、社会支出の削減、失業者の増大をもたらし、経済を大混乱に陥れた。この突発的な金融危機は他の途上国や市場経済移行国をも巻き込み、リオ地球サミットの掲げた「持続可能な開発」の基礎を根底から揺るがしたのである。発展途上国が直面した財政悪化は、「アジェンダ21」行動計画の実行に途上国が必要とする財政、技術援助を先進国が提供しないため増幅した。ＯＤＡや直接投資の減少は、「アジェンダ21」行動計画だけでなく、最も貧しい途上国の開発計画に悪影響を与え、これら途上国は国民の生活水準の向上に先進国からの投資を利用できなくなったばかりか、国内体制の腐敗を助長して貧富の格差をいっそう広げ、天然資源の基盤を劣化させた。特に熱帯地域にある途上国では、熱帯雨林の伐採と劣化が深刻化していると、アーススキャンの『地球サミット二〇〇二』は警鐘を鳴らしている。熱帯雨林の伐採は、商業用の木材切り出しや牧草地の造成、農業の商業化だけによって悪化しているのではない。途上国をさいなむ貧困が森林の伐採を余儀なくさせているのである。森林の劣化は生物の生息地を減らし、生物多様性さえ危機に陥れている。

持続可能な開発を妨げる先進国の生産・消費形態

「持続可能な開発」を妨げているもう一つの障害は、エネルギーと物資を集約的に使用する先進国の生産・消費形態だ。この生産・消費形態は、第二次大戦後にアメリカが火をつけた大量生産・大量消費に負うところが大きい。「アジェンダ21」は、そのような持続不可能な行動形態を地球環境の継続的悪化の主要原因と見なすと共に、すべての国が持続可能な消費形態の促進に努め、特に先進国に対しその率先垂範と、途上国に対し基本的必需品の提供を保証して、持続不可能な消費形態を見習うのを避けるよう求めている。科学技術の発達によって、資源利用の生産性と効率が向上し、紙や金属のリサイクル率は向上したが、世界全体の化石燃料、金属、森林生産物など資源消費量はむしろ増大している。同時に、固形廃棄物、有害廃棄物、酸性雨の原因物質、温室効果ガスなどの排出量も増え、生態系に対する負荷は重くなるばかりなのだ。

2 悪化する環境問題

リオからヨハネスブルクまで

地球環境はリオ地球サミットから一〇年間に悪化した――衝撃的な国連事務総長の報告書

一九九二年のリオ地球サミットから、二〇〇二年のヨハネスブルク地球サミットまでの一〇年間に、地球環境は多くの分野でむしろ悪化した。世界は地球環境の保全のために一体どんな努力をしてきたのだろうか。ヨハネスブルク地球サミットを前にコフィン・アナン国連事務総長が発表した地球環境の現状に関する報告書の内容は衝撃的だ。改めて世界はリオ地球サミットの記憶をよみがえらせ、一丸となって対策を急ぐ必要がある。

地球環境の運命は私たち人類の手に委ねられている。私たち人類全体の数、つまり世界の人口は一九五〇年に二五億人だったのが、一九八〇年には四四億人に急増し、二〇〇〇年には半世紀前の二・四倍にあたる六〇億人を突破した。国連の推計では、世界の人口はさらに二〇二五年に約八〇億人に増え、二〇五〇年には九三億人に達し、最終的には一〇五億人から一一〇億人の間で安定化すると予測されている。

人口の増加を抑制しながら、環境に配慮して資源を持続可能な範囲で開発し、生産物を公平に分配しようと努めるなら、私たち人類の将来に決して希望が無いわけではない。しかし現状では、世界の所得や資源など富の配分は極めていびつで不公平であり、持続可能な開発の目標実現にはほど遠く、二十一世紀の地球環境と人類の将来は決して明るいとは言えない。世界の人口六〇億人のうち、わずか一五%（九億人）を占める高所得国が全世界の消費の五六%を牛耳っているのに対し、世界人口の四〇%（二六億人）を占める最も貧しい低所得国は消費全体の一一%を享受しているに過ぎないのだ。しかもアフリカの平均的な家計支出は、二五年前と比べ二〇%も落ち込んでいる。

人類の五人に一人は一日当たり一ドル以下で生活、安全な水が飲めない

発展途上国における貧困生活者の割合（一日当たりの所得が一ドル［約一三〇円］以下）は、一九九〇年の二九%から九八年には二三%に低下し、その総数は一三億人から一二億人に減った。貧困生活者は、東アジアと東南アジアで経済の急成長により大幅に減少し、南アジアと中南米では若干減少した。しかし、サハラ砂漠以南のアフリカ諸国では事実上進展は見られず、ほとんど人口の半数が貧困生活を送っている。私たち人類を全

体から見れば、今も五人に一人が、依然として一日当たり百円玉（硬貨）一個と十円玉三個程度で生活しているることには変わりはないのだ。ヨハネスブルク地球サミットでは、世界全体の貧困生活者一二億人を半減することを目指す。途上国の人口のうち五四％は、二〇二五年までに都市に居住し、都市の貧困生活者の数が増え、アフリカでは都市住民の四〇％以上が貧困生活者になると国連は予測している。

世界では現在、少なくとも一一億人が安全な飲料水を飲めないばかりか、二四億人が不十分な衛生設備を使用している。一九九〇年代には積極的な進展が見られ、途上国の約四億三八〇〇万人が飲料水の供給設備を、また都市部の約五億四二〇〇万人が適切な衛生設備を利用できるようになった。だが、都市部の急速な拡大により、安全な飲料水が飲めない都市住民は約六二〇〇万人も増加した。

人類の七人に一人は栄養不良、HIV／エイズ感染者は三六〇〇万人に

途上国の乳幼児の死亡率は重大であり、乳幼児の八％以上が五歳にならないうちに死亡している。一部の最貧国では、乳児の五人に一人が一歳にならないうちに死亡している。また途上国の一億一三〇〇万人を超す就学年齢時の子供たち（うち六〇％が少女）が通学していない。世界には栄養不良状態にある人たちが約八億六五〇〇万人おり、このうち七億七七〇〇万人が途上国、七七〇〇万人が市場経済移行国、一一〇〇万人が先進国の人たちである。南アジアの飢餓は低下しているが、アフリカの人口の約三分の一は栄養不良状態にあり、その数は増加している。世界の健康状態は一九九〇年代に改善し、出世時の平均余命（平均寿命）は向

上し、死亡率は低下した。ポリオ（小児麻痺）をはじめ感染症の事実上の根絶など、注目すべき成功例が数事例あったが、多くの途上国における不良な健康状態の原因は、飲料水の汚染、不良な衛生設備、屋内大気汚染、マラリアなどの感染症、ＨＩＶ／エイズの流行にある。ＨＩＶ／エイズは一部の国の平均寿命を一九八〇年代以前に逆戻りさせ、九か国の平均寿命は六・三年短くなった。世界のＨＩＶ／エイズの感染者は現在三六〇〇万人にのぼり、このうち九五％を途上国が占め、二五〇〇万人がサハラ砂漠以南のアフリカ諸国で占められている。すでに一二〇〇万人を超すアフリカ人がエイズで死亡し、一三〇〇万人にのぼる子供たちが孤児となっている。

人類の生存基盤＝エコシステムの危機――土地の劣化、水不足、生物の絶滅、魚の濫獲

このように、私たち人類自身の直面する身近な問題が山積しているだけではない。人類自身の生存基盤であるエコシステム（生態系）そのものが著しく悪化しており、国連事務総長の報告書は以下のように数多くの問題点を指摘している。

人口の急増に伴う食料増産に対応するため、農業の拡大が森林、草地、湿地帯に悪影響を与え、世界全体の土地の少なくとも二〇億ヘクタールと農地の約三分の二が劣化している。現在、世界の利用可能な淡水（真水）のうち、約七〇％が農業に使われており、多くの国で水不足に陥っている。しかし実際には、農業に供給された水のわずか三〇％が農作物の栽培に使われているだけで、残りは無駄になっている。北アメリカと

西アジアでは水不足がすでに深刻化しており、二〇二五年までに世界人口の三分の二が深刻な水不足か中程度の水不足に直面する。今後二〇年間のうちに、途上国では食料増産のために今より一七％多く水が必要となり、世界全体の水の使用量は四〇％増加すると予測されている。

生物は現在、すでに八〇〇種以上が生息地を失って絶滅し、一万一〇〇〇種以上が絶滅の危機にさらされている。また保護対策が講じられない限り、新たに五〇〇〇種が絶滅の危機に陥る可能性がある。一方、世界の漁業資源の約四分の一はすでに獲り尽くされ、半分が完全に漁獲の対象となっている。大西洋および太平洋の一部では、漁獲高が数年前に頂点に達している。しかし、世界の海洋の一％が資源保存海域（漁獲禁止海域）に指定されているに過ぎない。

世界の森林は過去一〇年間に四％減少、サンゴ礁は二七％も消滅

地球上にある原生林の農地などへの転用が急激に進んでいる。世界の森林は一九九〇年代に年間平均一四六〇万ヘクタール伐採され、過去一〇年間に世界の森林は四％が消滅した。森林消滅の大半は途上国で起こっており、森林伐採率はアフリカと南米が最高である。先進国と途上国の一部の地域で年間平均五二〇万ヘクタールの植林が行われ、放棄された農地の森林再生と造林地の造成に寄与している。世界の木材収穫量の約半分は燃料用で、このうち九〇％が途上国で消費されている。世界の森林の全木材バイオマス量は減退しており、気候変動を緩和するための森林の能力が低下している。

世界のサンゴ礁の約二七％は、人間活動の直接の影響と気候変動の影響により消滅した。改善対策が取られない限り、今後三〇年以内にさらに三五％のサンゴ礁の機能が破壊されると推定されている。オゾン層の破壊物質の排出量はピークを過ぎ、現在は徐々に低下している。例えば、世界のクロロフルオロカーボン（フロン）の消費量は、一九八六年の約一一〇万トンから九八年には一五万六〇〇〇トンに減少した。

世界の化石燃料の消費量は、リオ地球サミット以降一〇％増加

しかし、世界の化石燃料の消費量は、一九九二年から九九年にかけて一〇％増加した。先進国における一人当たりの化石燃料（石油・石炭・天然ガス）の消費量は、一九九九年に平均六・四トン（石油換算）と最高水準を維持し、途上国の消費量の一〇倍も多い。世界の二酸化炭素（CO_2）の排出量は一九六五年から九八年にかけて倍増し、年間平均二・一％ずつ増えている。エネルギー消費量では輸送部門の増加が最も多く、消費エネルギーの九五％は石油から精製されている。輸送部門のエネルギー消費量は今後、先進国で年間一・五％、途上国で年間三・六％の増加が予測されている。この部門の二酸化炭素の排出量は、一九九七年から二〇二〇年にかけて七五％の増加が見込まれている。途上国では、二〇億人以上が薪炭、動物の糞《ふん》、農業の残渣《ざんさ》などの伝統的なバイオマス・エネルギーに依存している。

ヨハネスブルク地球サミットで打ち出される地球環境保全の新行動計画

「持続可能な開発に関する世界サミット」（ヨハネスブルク地球サミット）では、このように悪化した人間環境とエコシステムの現状を踏まえた上で、「持続可能な開発」を前進させるために欠かせない実行対策が打ち出される。アナン国連事務総長の報告書は、新たに一〇項目の行動計画を提示している。

その第一は「持続可能な開発のグローバル化」である。いわゆるグローバル化の利益は現在、均等に分配されておらず、最貧国は見捨てられている。貿易を歪める補助金制度の撤廃、途上国が農業や繊維などの生産物やサービスを先進国の市場で取引できる制度改革などを行う。

第二は「農村と都市地域における貧困の根絶と生計の改善」だ。最も貧しい人たちの多くは生態系が危機に瀕する地域に住んでいる。土地の所有、持続可能な生計、信用販売、教育、農業改良、廃棄物の削減とリサイクルの促進などを通じて、貧困者の生活条件や社会進出の機会を改善する。

第三は「生産と消費の持続不可能な形態の変更」である。今後二〇年から三〇年間にエネルギー効率を四倍に向上させ、法人組織の責任能力の高揚、クリーン製品の生産奨励などを進める。

第四は「保健衛生の改善」だ。具体的には、安全で適切な値段の淡水（真水）の使用、ガソリンの鉛含有量の削減、屋内大気質の改善などをはかる。

第五は「エネルギーの利用手段の提供とエネルギー効率の向上」だ。実際には、再生可能なエネルギーと

「京都議定書」のポイント

（1997年の気候変動枠組み条約の第３回締約国会議［ＣＯＰ３］で採択された）

１、先進国は2008年から2012年の５年間の平均値で温室効果ガスの排出量を1990年と比べ平均5.2％削減する。内訳は欧州連合（ＥＵ）８％、アメリカ７％、日本６％など。

２、削減対象の温室効果ガスは６種類で①二酸化炭素（CO_2）②メタン（CH_4）③一酸化二窒素（亜酸化窒素＝N_2O）④ハイドロフルオロカーボン類（ＨＦＣ）⑤パーフルオロカーボン類（ＰＦＣ）⑥六フッ化硫黄（SF_6）。代替フロン類等ガス（④～⑥）は1995年を基準年に選ぶこともできる。

３、削減目標を達成するための国際的な仕組み（柔軟性メカニズム［措置］＝京都メカニズム）

①「排出量（権）取引」＝先進国同士で排出量を取引（売買）し、自国の削減分に組み入れる。

②「共同実施」＝先進国同士で排出量削減のための共同事業を行い、投資国が削減分を入手する。

③「クリーン開発メカニズム（ＣＤＭ）」＝先進国が発展途上国と排出量削減のための共同事業を行い、先進国が削減分を入手する。

４、吸収源（シンク）

大気中の温室効果ガスやエアロゾル（微小粒子）を除去する作用、活動または仕組みをいう。一般には森林を吸収源としているが、植林活動のほか、土地利用の変化も含まれる。

５、議定書発効の２条件

①議定書に調印した55か国以上が批准する②批准した先進国（市場経済移行国を含む）のCO_2排出量合計が、1990年における先進国の総排出量の55％を超える。

効率の良いエネルギー源を開発・使用し、持続できないネルギーの消費パターンを変える。

第六は「生態系と生物多様性の持続可能な管理」である。具体的には、水産資源の濫獲、持続できない森林伐採の慣行、陸地に原因のある海洋汚染に対策を講じる。

第七は「淡水供給管理の改善」と「水資源のより公平な分配の取り決め」である。

第八は「財源の提供」である。政府開発援助（ODA）と個人投資を増やし、環境にやさしい技術の移転と共有をはかる。

第九は「アフリカの持続可能な開発の支援」だ。新たに広範なプログラムを作成し、飢え、保健衛生、環境保護および資源管理に対応可能な施設や組織をつくる。

そして最後は「持続可能な開発のための国際的統治の強化」である。現在の区画部門化された取り組み方より、統合した地球規模の取り組みによって実効を上げるという戦略である。

問われるリオ地球サミットの六条約（議定書）の発効

ヨハネスブルク地球サミットでは、リオ地球サミットで調印された地球環境保全を目的とする六つの条約（議定書）が、どの程度実行に移されたのかについても検証する。これらの六条約のうち、第一は気候変動枠組み条約（UNFCCC）の下の「京都議定書」、第二は生物多様性条約に基づく「生物多様性に関する議定書」、第三は「砂漠化防止条約」、第四は国連海洋法条約に基づく「高度回遊性魚種や排他的経済水域の内外を往来する魚資源（ストランドリング・ストックス）の保全と管理に関する協定」、第五は「国際貿易における有害化学品及び農薬の事前通報・合意手続き条約（ロッテルダム条約）」、第六は「難分解性（残留性）の有機汚染物質（ＰＯＰｓ）に関するストックホルム条約」である。

地球環境を保全するために欠かせないこれら六条約（議定書）のうち、今までに発効して実施に移されているものはほとんどない。第一の「京都議定書」は、アメリカの離脱で危機に陥った。「京都議定書」は、一九九七年の気候変動枠組み条約の第三回締約国会議（ＣＯＰ３）で採択され、地球温暖化の原因である二酸化炭素（CO_2）など温室効果ガスの排出量を、先進国が二〇〇八年から二〇一二年までに一九九〇年と比べ平均五・二％削減することを定めている。この議定書の発効には、議定書に調印した五五か国以上が批准し、しかも批准した先進国の排出量が、一九九〇年の先進国（市場経済移行国を含む）全体のCO_2排出量の五五％を超えることが必要である。京都議定書の批准国は二〇〇二年六月四日現在、欧州連合（ＥＵ）と日本が批准し、七四か国に達したものの、これら批准国の排出量を合計しても、三五・八％にしか達していない。発行のカギを握るロシアやカナダ、豪州などは、アメリカの顔色をうかがっている（「京都議定書」のポイントと批准国は別表参照）。

第二の「生物多様性に関する条約」の発効には、五〇か国の批准が必要だが、まだわずか三か国しか批准していない。第三の「砂漠化防止条約」は、その実施資金が不足している。第四の高度回遊性魚種などに関する協定は、発効に三〇か国の批准が必要であるが、二七か国の批准に留まっている。第五のロッテルダム条約は五〇か国の批准が必要だが、一三か国しか批准していない。これから発効手続きの始まる第六のストックホルム条約は、五〇か国の批准を必要としている。

エコシステムの一員として人間に問われる「持続可能な開発」の意味

ストックホルムの人間環境会議から三〇年のうちに、世界の地球環境問題に対する取り組み方は全体として大きく変容した。一九七二年の人間環境会議の当時は、大気、水、土壌、動植物などエコシステム（生態系）に関わる地球環境問題は横並びで、並列的に取り上げられていた。だが一九九二年のリオ地球サミット以降、とくに九七年の「京都議定書」の採択以後、全人類の死活的な共通問題として比重を増した気候変動、つまり地球温暖化問題が、これら諸問題の上に重く覆い被さった。地球環境問題は直接、間接的に気候変動、地球温暖化との関連において体系的に取り上げられるようになった点が見逃せない。

地球環境は、あらゆる生物と、生物を取り巻く大気や水、土壌など非生物的な環境全体が相互に密接に関係し合って機能しているエコシステムそのものであり、人間だけが突出した存在ではない。ストックホルムの人間環境会議では、会議の名称が示すように、環境保全はどちらかと言えば私たち人間を優位に置き、人間の利害面からの環境保全に重点が置かれていた。しかし、その後の環境悪化に伴い、人間自身がエコシステムの単なる一員に過ぎず、エコシステム全体の立場から取り組まなければ、地球環境は保全できないという認識が徐々に高まった。だからリオ地球サミットでは、人間をエコシステムとほぼ同等の位置に置き、環境と開発を両立させる「持続可能な開発」の原則が打ち出されたと言えるのである。この視点から見れば、

「京都議定書」の批准国と、先進国（市場経済移行国を含む）の世界全体のＣＯ₂排出量に占める割合（％）（順不同）

1	アンティグア・バーブーダ	38	ルクセンブルク（0.1％）
2	アルゼンチン	39	マラウィ
3	オーストリア（0.4％）	40	モルジブ
4	アゼルバイジャン	41	マリ
5	バハマ	42	マルタ
6	バングラデシュ	43	モーリシャス
7	バルバドス	44	メキシコ
8	ベルギー（0.8％）	45	ミクロネシア連邦
9	ベニン	46	モンゴル
10	ボリビア	47	モロッコ
11	ブルンジ	48	ナウル
12	コロンビア	49	オランダ（1.2％）
13	クック諸島	50	ニカラグア
14	キューバ	51	ニウエ
15	キプロス	52	パラオ
16	チェコ（1.2％）	53	パナマ
17	デンマーク（0.4％）	54	パプアニューギニア
18	ジブチ	55	パラグアイ
19	ドミニカ	56	ポルトガル（0.3％）
20	エクアドル	57	ルーマニア（1.2％）
21	エルサルバドル	58	サモア
22	赤道ギニア	59	セネガル
23	フィジー	60	スペイン（1.9％）
24	ガンビア	61	スウェーデン（0.4％）
25	グルジア	62	トリニダードトバゴ
26	ドイツ（7.4％）	63	トルクメニスタン
27	ギリシャ（0.6％）	64	ツバル
28	グアテマラ	65	ウガンダ
29	ギニア	66	イギリス（4.3％）
30	ホンジュラス	67	ウルグアイ
31	アイスランド（0.0％）	68	ウズベキスタン
32	アイルランド（0.2％）	69	バヌアツ
33	イタリア（3.1％）	70	フィンランド（0.4％）
34	ジャマイカ	71	フランス（2.7％）
35	日本（8.5％）	72	ノルウェー（0.3％）
36	キリバス	73	スロバキア（0.4％）
37	レソト	74	ベトナム

（注）2002年６月４日現在：批准国は74か国（署名国は84か国）。批准した先進国（21か国）のＣＯ２排出量が、先進国全体の排出量に占める割合は合計35.8％で、まだ55％に達しておらず、「京都議定書」は発効していない。

「京都議定書」で削減義務のある先進国、市場経済移行国（34か国）の1990年の各国別CO_2排出量の比率

（冒頭の◎印は京都議定書を批准した国、X印は批准していない国／2002年６月４日現在）

	批准	国名	CO_2排出量の比率
1	X	アメリカ	(36.1%)
2	X	ロシア　(市場経済移行国)	(17.4%)
3	◎	日本	(8.5%)
4	◎	ドイツ　(ＥＵ加盟国)	(7.4%)
5	◎	イギリス　(ＥＵ加盟国)	(4.3%)
6	X	カナダ	(3.3%)
7	◎	イタリア　(ＥＵ加盟国)	(3.1%)
8	X	ポーランド　(市場経済移行国)	(3.0%)
9	◎	フランス　(ＥＵ加盟国)	(2.7%)
10	X	豪州	(2.1%)
11	◎	スペイン　(ＥＵ加盟国)	(1.9%)
12	◎	ルーマニア　(市場経済移行国)	(1.2%)
12	◎	チェコ　(市場経済移行国)	(同)
12	◎	オランダ　(ＥＵ加盟国)	(同)
13	◎	ベルギー　(ＥＵ加盟国)	(0.8%)
14	X	ブルガリア　(市場経済移行国)	(0.6%)
14	◎	ギリシャ　(ＥＵ加盟国)	(同)
15	X	ハンガリー　(市場経済移行国)	(0.5%)
16	◎	スウェーデン　(ＥＵ加盟国)	(0.4%)
16	◎	オーストリア　(ＥＵ加盟国)	(同)
16	◎	スロバキア　(市場経済移行国)	(同)
16	◎	フィンランド　(ＥＵ加盟国)	(同)
16	◎	デンマーク　(ＥＵ加盟国)	(同)
17	X	スイス	(0.3%)
17	◎	ポルトガル　(ＥＵ加盟国)	(同)
17	X	エストニア　(市場経済移行国)	(同)
17	◎	ノルウェー	(同)
18	◎	アイルランド　(ＥＵ加盟国)	(0.2%)
18	X	ニュージーランド	(同)
18	X	ラトビア　(市場経済移行国)	(同)
19	◎	ルクセンブルク　(ＥＵ加盟国)	(0.1%)
20	◎	アイスランド	(0.0%)
21	X	リヒテンシュタイン	(同)
22	X	モナコ	(同)

以上、先進国、市場経済移行国の排出量合計　100%

ヨハネスブルク地球サミットは、地球環境の汚染・破壊者である私たち人間自身が、エコシステムの一員としてどれだけ謙虚になれるのか、その誠実さを問われる踏絵とも言えるのだ。

3 焦点となる「京都議定書」

空気の組成分まで変えるに至った人類、ＩＰＣＣ第三次評価報告書の警告

実際の行動で私たち人間の謙虚さ、誠実さが問われるのは、ヨハネスブルク地球サミットの焦点の一つ「京都議定書」の発効だ。「京都議定書」の科学的な根拠となっているのは、世界の第一線の科学者約二〇〇〇人が参加する「気候変動に関する政府間パネル（ＩＰＣＣ）」が、気候変動についてまとめた評価報告書だ。ＩＰＣＣは、世界気象機関（ＷＭＯ）と国連環境計画（ＵＮＥＰ）が一九八八年に設立した国連の組織で、地球全体の気候の変動について自然科学と社会科学から最新の知見をまとめ、地球温暖化の緩和対策に科学的な根拠を提供している。最新の第三次評価報告書（二〇〇一年）は、「過去五〇年間に観測された地球温暖化のほとん

どが人間活動によるものだ」と結論づけた。

多くの人たちは地球温暖化をすでに既成事実と見なしているが、第三次評価報告書の結論の持つ意味は極めて重大なのである。IPCCの第一次評価報告書（一九九〇年）は「人為起源の温室効果ガス（気体）が現状のまま大気中に排出され続けると、生態系や人類に影響を及ぼす気候の変化が生じる可能性がある」と警告した。この警告に基づいて「気候変動に関する国連枠組み条約」（気候変動枠組み条約）が作成され、九二年のリオ地球サミットで各国が一斉に署名したのだった。

第二次評価報告書（九五年）はさらに「識別可能な人為的な影響が地球全体の気候に現れていることが示唆される」と警告の度合いを強めた。だが第三次評価報告書のように、地球温暖化を人間活動によるとは断定していなかった。生物以外のエコシステムは基本的に土、水、空気（大気）という三つの要素から成り立っている。どれ一つが欠けても人間は生存できない。約五〇〇万年前に誕生して以来、私たち人類は生きる糧（資源）をすべて自然環境から一方的に奪い取り、今日の経済的な繁栄の基盤を築き上げた。すでに土と水を汚染・破壊したうえ、大気まで汚染に留まらず、人為的にその組成分までをも変えてしまう時点に至ったという点で重大なのである。二酸化炭素（CO_2）などの温室効果ガスを今のように排出し続け、地球の大気を一度暖めてしまえば、地球は隣の惑星「金星」のような灼熱の世界への運命をたどると予測されている。私たちは屋内の快適なエアコンに慣れっこになっているが、熱くなった地球の大気を逆に人為的に冷やす巨大なエアコンなど何処にもないことを、改めて肝に銘じて置かなければなるまい。

地上だけでなく高層大気の気温も上昇、雪氷面積や氷河、海氷の減少が顕著に

ＩＰＣＣの第三次評価報告書は、地球の平均地上気温は一八六一年から上昇し続けており、二十世紀には約〇・六度（摂氏、以下同じ）上昇したとしている。北半球における二十世紀の気温上昇率は過去一千年間のどの世紀よりも大きく、中でも一九九〇年代は最も暖かい一〇年で、特に九八年はいちばん暖かい年となった。一九五〇年から九三年までを平均すると、陸上の一日の最低気温は一〇年間当たり約〇・二度上昇し、一日の最高気温の上昇値（〇・一度）の約二倍で、最低気温と最高気温の差が徐々に縮まる傾向にあり、中・高緯度の多くの地域で、凍結期間が短くなっている。地上だけでなく、高さ八キロまでの気温も過去四〇年間に一〇年間当たり〇・一度上昇している。このような気温上昇に伴い、一九六〇年代以降、積雪面積は約一〇％減少し、二十世紀内に北半球の中・高緯度にある湖沼や河川が氷で覆われる年間日数が、約二週間減った。また極地以外の広範な地域で二十世紀に山岳氷河が後退している。北半球の春と夏の海氷面積は、一九五〇年代以降、約一〇％から一五％減った。さらに晩夏から初秋にかけて北極の海氷の厚さは約四〇％減少した。二十世紀に世界の海面水位は一〇センチから二〇センチ上昇している。

北半球の中・高緯度地域の降雨量が増加、干ばつも拡大

気温上昇の影響は気候の他の分野にも現れている、と第三次評価報告書は指摘している。降水量は、二十世紀に北半球の中・高緯度にある多くの陸地で、一〇年間当たり〇・五%から一%増加した。熱帯（北緯一〇度から南緯一〇度）の陸地でも、降水量が一〇年間当たり〇・二%から〇・三%増えた。大雨の発生頻度は二十世紀後半、北半球の中・高緯度地域において、二%から四%増加した。太平洋東部の南米沖合いに広がる赤道海域の水温が上がるエルニーニョ現象は、一九七〇年代の半ばから発生頻度、持続期間、規模が増大している。厳しい干ばつや著しい多雨が発生した陸地は、二十世紀に小幅ながら増えた。アジアとアフリカの一部では、この数十年間に干ばつの発生頻度と厳しさが増している。

大気中の二酸化炭素（CO_2）濃度は過去二〇〇〇万年間で最高

気候の変動（変化）は、気候システム自体の内部で起こる変動と、さらに外部の自然現象と人間活動とが原因となって引き起こす。火山噴火や太陽活動も気候変動に影響を与え、人間活動から排出される温室効果ガスは、地表を暖める。大気中の微粒子（エアロゾル）の一部は地表を冷やす働きをする。第三次評価報告書によると、人間活動の結果、大気中の温室効果ガスの濃度は上昇し続け、温暖化を進めている。主要な温室効

果ガスである二酸化炭素（CO_2）の大気中濃度は、産業革命当時の一七五〇年から三一％増加した（二〇〇一年の濃度は約三七〇ＰＰＭ［ＰＰＭは体積比率で一〇〇万分の一］）。過去二〇年間に二酸化炭素の濃度は年間一・五ＰＰＭ（〇・四％）増加した。ＩＰＣＣは、二酸化炭素の濃度は少なくとも過去四二万年間、さらに過去二〇〇〇万年間でも現在の濃度を超えたことがない可能性が高いとし、現在の濃度増加率は少なくとも過去二万年間に例を見ない高い値だと言っている。過去二〇年間の人間活動による二酸化炭素の排出量のうち、約四分の三が化石燃料（石油、石炭、天然ガス）の燃焼により、残り四分の一のほとんどは土地利用の変化、とりわけ森林減少によるものだ。

メタンの濃度は産業革命以来二・五倍に、他の温室効果ガスも急増

二酸化炭素より温室効果が約二〇倍高いメタン（CH_4）の大気中濃度は、一七五〇年から二・五倍の一七六〇ＰＰＢに急増した（ＰＰＢは体積比率で一〇億分の一）。メタンも過去四二万年間で現在の濃度を超えたことがない。メタンの半分以上が人間活動（化石燃料の使用、畜牛、米作、埋め立て）から排出されている。また、二酸化炭素より温室効果が三一〇倍高い亜酸化窒素（一酸化二窒素＝N_2O）の大気中濃度は、やはり一七五〇年から四六ＰＰＢ（一七％）増え、少なくとも過去一千年間に現在の濃度を超えたことはない。亜酸化窒素の約三分の一は人間活動（農地、畜牛、化学工業）から排出されている。このほか、オゾン層を破壊し、強力な温室効果（二酸化炭素の数千倍から一万倍）を持つフロンガス（ハロカーボンなど）の大気中濃度は、「モントリオール議定書」に

よる排出量削減に伴い増加が緩やかになっている。しかし、フロンガスの代わりに開発された代替フロン類等ガス（ハイドロフルオロカーボン＝ＨＦＣ、パーフルオロカーボン＝ＰＦＣ、六フッ化硫黄＝ＳＦ６）は、大気中の濃度が増加し続けている。これらの代替フロン類ガスは、二酸化炭素の数百倍から約二万四千倍にのぼる温室効果を持つ。

ＩＰＣＣは第三次評価報告書で、自然現象は過去一〇〇年間で温室効果に余り影響を及ぼしていないと指摘している。ただ、大規模な火山噴火によるエアロゾルは、温室効果を短期間和らげる働きをしているとし、気候に及ぼす太陽活動の影響を加味するメカニズムについては、今のところ厳密な理論や観測による裏付けを欠いているとしている。

地球の平均気温は、今後一〇〇年に最高で六度近くも上昇する

二十一世紀末までに地球の大気の気温は摂氏一・四度から五・八度上昇すると予測し、第二次評価報告書の予測値（一・〇度から三・五度）を上回っている。また第三次評価報告書は、海面水位の上昇率を九センチから八八センチと見積もり、第二次評価報告書の予測値（一三センチから九四センチ）をやや下回っている。気温の変化予測が高く、海面水位の上昇がわずかに低くなっているのは、第三次評価報告書では改良モデルを採用し、氷河や氷床の融解度合いを第二次評価報告書より小さく見積もったからとしている。

第三次評価報告書は、二一〇〇年に大気中の二酸化炭素の濃度は、産業革命当時（一七五〇年）の濃度（二八

〇ＰＰＭ）の一・九倍から三・五倍（五四〇ＰＰＭから九七〇ＰＰＭ）に増加すると予測している。またメタンは現在の一七六〇ＰＰＢから最高で二倍以上の三七三〇ＰＰＢに、亜酸化窒素は現在の三一六ＰＰＢから最高で約一・五倍の四六〇ＰＰＢに増加するとみている。

ＩＰＣＣは、最近の気候モデルによる予測では、ほとんどすべての陸地で地球全体の平均気温より早く気温が上昇し、特に北アメリカの北部、アジアの北部と中央部での温暖化が顕著であり、これらの地域では地球の平均よりも四〇％以上も高い温暖化が予測されているのである。

地球の気温調節装置――海洋の熱塩循環が止まる可能性も

温室効果ガスのうち、二酸化炭素、亜酸化窒素をはじめ、パーフルオロカーボン、六フッ化硫黄などの代替フロン類等ガスは、大気中に残留している年数が長い。例えば、二酸化炭素の二五％は排出後、数世紀にもわたって大気中に残留している。だから「京都議定書」に基づいて、先進国が二〇一〇年から温室効果ガスの五・二％削減に着手しても、さらに「京都議定書」より一段と急激な削減をしない限り、気候変動は今後、何世紀にもわたって続くことは避けられそうにない。ＩＰＣＣは「仮に温室効果ガスの濃度が安定化した後でも、一〇〇年当たり〇・二度から〇・三度の割合で気温が上昇する」と見込んでいる。

ＩＰＣＣの第三次評価報告書が予測する二十一世紀以降の地球の未来は、非常に厳しい。海洋は、地球の気温の調節、つまり地球のエアコンの役割を果たしている。その海洋の気温調節機能が狂ってしまう恐れがあるというのだ。表層の暖かい海水は冷えると密度が大きくなって下へ沈み込み、下の密度の小さい海水と入れ替わって対流を起こす。これを「海水の熱塩循環」というが、地球規模では、低緯度の暖かい海水が高緯度の冷たい海水と熱塩循環（コンベアベルトという）をしながら、地球大気の温度調節をしている。地球温暖化により、その海水の熱塩循環が次第に弱まり、北半球の高緯度海洋への熱塩の輸送が小さくなる。特に注目されるのは、「二一〇〇年以降、海洋の熱塩循環は南北の両半球とも完全に停止し、再び循環が起きることはないと考えられる」とＩＰＣＣが衝撃的な指摘をしている点である。

そうなれば、地球は最高の気温の調節装置を失うわけだから、地球の気温は限りなく上昇する方向へ向かい始め、人類の運命に完全に赤信号が灯ることになるだろう。

グリーンランド、南極西部の氷床融解と海面上昇を明確化したＩＰＣＣ

深海が気候変動に適応するのに時間がかかるため、地球の平均気温上昇と、海洋の熱膨張による海面水位の上昇は、温室効果ガスの濃度がたとえ現在の濃度で安定した後も、数百年続く。また氷床の融解は、気候が安定した後も数千年間にわたって海面水位の上昇の一因となる。グリーンランドにおける局地的な気温上昇幅は、地球全体の平均値の一倍から三倍になる可能性が大きい。もしグリーンランドで気温が三度以上高い状態が数千年続けば、グリーンランドの氷床が完全に融け、海面水位が約七メートル上昇すると予測される。またグリーンランドで気温が五・五度高い状態が一千年続けば、グリーンランドの氷床がかなり融け、約三メートルの海面水位が上昇する可能性が大きい。南極では西部南極の氷床が融け、今後一千年間に海面水位が三メートル上昇する可能性がある。グリーンランドの氷床にしても、南極の氷床にしても、氷床が融ける度合いは、地球の平均気温の上昇幅が大きければ大きいほど高くなるわけだから、ＩＰＣＣの予測を上回る可能性も否定できないのである。

このように、私たち人間だけでなく、すべての生物の生存基盤である地球環境の破壊が刻一刻と取り返しのつかない方向へ向かっているにもかかわらず、世界の対策は次世代へ申し送りをするばかりで、現実の対策は手ぬるい。地球環境の破壊でキーマン的な役割を演じ始めた地球温暖化問題で、世界最大の二酸化炭素（CO_2）排出国アメリカの責任はとくに重い。

II

アメリカの「京都議定書」離脱が投じた矛盾

1　ブッシュ氏はなぜ「京都議定書」を否定するのか

最初の拒否声明に示されたブッシュ米大統領の頑なな姿勢

地球環境と人類の運命を左右しかねない地球温暖化対策で、アメリカがとった利己的な行動は理解に苦しむ。二〇〇〇年十一月の米大統領選挙で得票数の手作業による数え直しの末、当選したジョージ・W・ブッシュ氏は、二〇〇一年一月に新大統領（第四三代）に就任するや否や、外交的に強硬な孤立政策を相次いで取り始め、超大国アメリカのエゴイズムを露わにした。その露骨さが最も顕著に示されたのが、「京都議定書」の拒否と弾道弾迎撃ミサイル（ＡＢＭ）制限条約の破棄である。ただ同年九月十一日に、ニューヨークの世界貿易センタービルと首都ワシントンの国防総省へ航空機が激突する同時テロ攻撃を受けたあと、ブッシュ政権は国際テロに挑む広範な連合戦線の構築を迫られ、ＡＢＭ制限条約については態度を軟化させ、二〇〇二年五月に戦略核弾頭の削減を目指すモスクワ条約（戦略攻撃戦力削減条約）に調印し、ロシアの合意のもとにＡＢＭ制限条約から脱退した。しかし、「京都議定書」に対する強硬な姿勢は全く崩さず、アメリカが地球の運命に対して負う、ひときわ重い責任を回避し続けている。

就任直後から「京都議定書」への不満をつのらせていたブッシュ米大統領は、就任二か月後の三月二十九日、「京都議定書」に反対すると正式に表明し、地球温暖化を緩和するための最善の対策である温室効果ガスの削減に赤信号を灯した。ここで本書の論旨を明確にしておきたいのは、ブッシュ政権のいう「テロ組織とならず者国家に備える障害となるＡＢＭ条約」と、人類全体、地球全体の運命のかかる「京都議定書」は、本質的に次元が全く異なるという点である。世界の資源の大半を独り占めにして浪費経済を謳歌し、世界の四分の一近くの二酸化炭素（CO_2）を排出するアメリカの変節は今後、地球温暖化が悪化した暁に、恐らく人類史上における最悪の汚点の一つとして、またブッシュ氏にとっては終生の恨事として、国家という狭量な枠組みを越え、後世の〝地球世代〟から非難を浴び、不明を恥じることになるかもしれない。

「京都議定書」を拒否する根拠として、ブッシュ米大統領は、①失業者の急増やエネルギー危機などアメリカの経済に深刻な打撃を与えること②人口の多い中国やインドをはじめ世界の八〇％の地域（発展途上国）を除外していること③米上院が九五対〇で「京都議定書」を拒否できる決議を採択し、地球の気候変動問題に取り組む手段として、議定書が不公平で効果がないという明確なコンセンサス（総意）があることを挙げたのである。

京都議定書の土台「気候変動枠組み条約」を主導したのは先代ブッシュ政権

米上院が反対なしでこの決議を可決したのは、民主党のクリントン前政権時代であり、一九九七年十二月に「京都議定書」が成立する五か月前のことだ。当時、産業界と労働界は「京都議定書」に反対して活発な議会のロビー活動を展開し、それに応えて上院は同年七月、発展途上国の意義のある参加を欠くいかなる気候変動条約にも反対するとの決議を可決した。だが、環境保全派のクリントン前政権は国際世論を考慮し、「京都議定書」に調印したのだった。ブッシュ大統領のいう上院のコンセンサスについては、必ずしも上院が一枚岩だというわけではない。上院外交委員会はその後二〇〇一年夏に、超党派の一九対〇でブッシュ政権に対し、京都議定書の交渉の席に復帰し、京都議定書に代わる新提案か別の拘束力のある気候条約案を提案するよう要求した。ブッシュ大統領の議定書離脱発表のあと、国際社会の反発が強まり、ほころびかけていた「気候変動枠組み条約」締約国会議が返って進展した事態を、上院外交委員会は無視できなかったのである。

ブッシュ大統領が共和党出身だとはいえ、民主党の前政権が調印した議定書（条約）を頭ごなしに拒否するのは、アメリカという国家の外交政策の一貫性と信頼性、ひいては品格さえ損なうものであり、国際社会の道義にもとる。「京都議定書」が成立した過去の過程を見れば、その道義的な責任はいっそう免れ難い。そもそも「京都議定書」は、一九九二年に成立した議定書の本体とも言える「気候変動枠組み条約」（一九九四年発効）を実施するための細目を規定した条約であり、これはオゾン層破壊の防止を取り決めた「ウィーン条約」

（一九八八年発効）本体と、特定フロン、特定ハロンの排出規制など、具体的にその実施細目を規定した「モントリオール議定書」（一九九四年発効）の関係に当てはまる。

「京都議定書」の本体である「気候変動枠組み条約」を主導したのはアメリカ自身であり、それを調印、批准したのは、現在のブッシュ大統領の父親である先代のブッシュ大統領なのである。その枠組み条約をクリントン前政権が引き継ぎ、同政権下で議定書へと発展し調印したのだから、アメリカは国家として「京都議定書」を実施する責任を引き受けたということになる。米国内の利害の対立と政争は本来、国内で調整し、解決すべき問題であって、国内問題を国際的な責任回避の口実とすり替えるのは筋違いなのであり、覇権国家のエゴイズムと非難されても仕方がない。

温暖化の元凶CO_2の義務的な削減はいち早く除外

「京都議定書」を拒否したブッシュ大統領は、議定書の代わりに、包括的なバランスのとれたエネルギー政策を支持するとし、大気の質の向上を図るため、三大有害汚染物質である二酸化硫黄（SO_2）、窒素酸化物（NO_X）、水銀の排出量削減を火力発電所に要求する多角的な戦略を実施する方針を打ち出した。

さらに大統領は、この戦略では適切な期間における段階的な削減、確実な規制の実施、産業界の目標達成を助けるための市場に基づいたインセンティブの提供を行うことを明らかにした。しかし大統領は、「二酸化炭素は大気浄化法の下では〝汚染物質〟ではないので、政府は火力発電所に対し、二酸化炭素の排出量の義務的な削減を課すべきではない」として、いち早く地球温暖化の元凶である二酸化炭素を除外し、二酸化炭素の削減義務化はブッシュ政権下では触れてはならない〝聖域〟として、封印してしまったのだ。その後、ブッシュ大統領は二〇〇一年六月に「気候変動レビュー初期報告」、さらに二〇〇二年二月に京都議定書の代替案「クリーン・スカイズ＆地球気候変動イニシアチブ」を発表し、京都議定書を拒否したアメリカの頑な姿勢を肉付けして行く（詳細は六二ページ以降）。しかし、大統領の考える基本的な骨格は、前記のようにすでに二〇〇一年三月の時点ではっきりと示されており、アメリカ、いやブッシュ氏自身の良心に一縷の望みをかけた世界は、残念ながら待ちぼうけを食わされただけだったのである。

米科学アカデミーはＩＰＣＣの第三次報告書を大筋で支持

いくらブッシュ大統領が国益の擁護を前面に押し立て、政治的、経済的な思惑から「京都議定書」を拒否できても、科学的な客観的根拠に基づいて議定書を論破するのは難しかったようである。議定書が成立した科学的な根拠となっているのは、世界の第一線の科学者が約二千人参加する国連の「気候変動に関する政府間パネル（ＩＰＣＣ）」が長年にわたり気候変動について調査研究した評価報告書だ。ＩＰＣＣはすでに三回にわたり評価報告書を発表し、最新の第三次評価報告書は地球温暖化が人間の活動によって引き起こされている可能性が高いと結論付けている（四二〜四三ページ参照）。そこでブッシュ氏は、アメリカ科学アカデミーの助けを借りた。だが、米科学アカデミーは二〇〇一年六月六日に報告書を発表し、ＩＰＣＣの第三次評価報告

米科学アカデミーの調査研究評議会・気候変動科学に関する委員会のメンバー

ラルフ・J・シセローネ(委員長)	カリフォルニア大学アービング校学長
ダニエル・G・オルドリッジ	カリフォルニア大学アービング校教授（地球システム科学部／化学部）
エリック・J・バロン	ペンシルベニア州立大学名誉教授（地球科学を専攻）／地球鉱物学・環境研究所所長
ロバート・E・ディキンソン	ジョージア工科大学教授(地球大気科学科)
アイネズ・Y・ファング	カリフォルニア大学教授(地球惑星科学・環境科学・政策管理学部)／大気科学センター長
ジェームズ・E・ハンセン	米航空宇宙局(ＮＡＳＡ)ゴダード宇宙研究所所長
トーマス・R・カール	米海洋大気局（ＮＯＡＡ）気候データセンター長
リチャード・S・リンゼン	マサチューセッツ工科大学教授（地球・大気・惑星科学部で気象学を専攻）
ジェームズ・C・マクウィリアムズ	カリフォルニア大学教授（大気科学部で地球科学を専攻／地球物理・惑星物理研究所）
F・シャーウッド・ロウランド	カリフォルニア大学研究教授（化学部で化学・地球システム科学を専攻）
エドワード・S・サラチク	ワシントン大学助教授(海洋学科)／大気・海洋共同研究センター長
ジョン・M・ウォレス	ワシントン大学教授(大気科学部大気科学)／環境プログラムの共同責任者

書の内容を大筋で支持したのである。この報告書は、ホワイトハウスから気候科学の現状評価をするようにという要請に応じて、米科学アカデミーと米工学アカデミーの主要部門である調査研究評議会の地球・生命研究局の「気候変動科学に関する委員会」が作成したものである。同委員会には、ノーベル賞受賞者を含むアメリカの指導的な気候科学者一一人が参加した。（委員会を構成したメンバーについては別表を参照）

米科学アカデミーの委員会の報告書は「過去五〇年間にわたり観測されている地球温暖化の

一部は、少なくとも化石燃料の燃焼に伴う二酸化炭素（CO_2）など温室効果ガスの排出によって引き起こされている。地球温暖化が温室効果ガスの増えた結果もたらされた可能性が高いというＩＰＣＣの結論は、科学界の現在の考え方を正確に反映している」と結論付けた。しかし、同報告書は同時に「ＩＰＣＣの結論には不確実性が残っている。気候システムには数十年、数世紀にわたって自然が織り成す固有の変動水準があり、またコンピューター・モデルが長期間に及ぶ自然の変動について正確にシミュレート（模擬実験）できるのか疑わしい」と指摘している。委員長として同報告書をまとめたカリフォルニア大学アービング校のラルフ・Ｊ・シセローネ学長は、「温室効果ガスが地球の大気中に増え、地表の気温を上昇させていることは承知している。ただ、人間活動によって今日まで気温がどのくらい上昇したのか正確には判らない」とコメントしている。現在の気候変動予測に付随する一部の不確実性を少なくするため、米科学アカデミーの委員会はブッシュ政権に対し、気候モデルの改善と、地球の気候観測システムの構築に加え、基礎研究のために強力なコミットメントを与えると共に、温室効果ガスの総合的な測定、コンピューター能力の増強を求めている。

ＩＰＣＣ報告の不確実性、数世紀の自然変動をコンピューターで模擬実験できるのか

米科学アカデミーの気候変動科学に関する委員会は、「温室効果ガスの排出が加速し、気候がそれにどう反応するかという伝統的な仮説に基づいたコンピューター・モデルでは、地球の平均地表気温は二十一世紀末までに摂氏一・四度から五・八度上昇する」と指摘し、ＩＰＣＣの第三次評価報告書の予測気温を追認して

いる。気候変動が起こっているのかどうかという基本的な疑問についても、同委員会は「観測結果によると、地球の地表気温は二十世紀中に摂氏約〇・六度上昇し、氷河の後退、北極の氷の減少、海面の上昇、植物の生長季節の長期化、渡り鳥の飛来の早期化を伴い、温暖化の過程は過去二〇年間に強まった」と指摘し、やはりＩＰＣＣの第三次評価報告書の内容を認めている。

その上で、米科学アカデミーの委員会は、「地球温暖化が過去五〇年間に起こったとするＩＰＣＣの結論は、温室効果ガスが増加した結果起きた可能性があり、科学界の現在の考え方を正確に反映している」と結論付けている。しかし、同委員会は、この結論には不確実性が残っていると警告し、その理由として、①気候系には数十年から数世紀に及ぶ時間の尺度で自然が織り成す変動がある②そのような長期的な時間の尺度で変化する自然の変動をコンピューター・モデルがシミュレート（模擬実験）できるのか疑わしい③木の年輪や氷柱から得た証拠に基づく過去数千年間遡る気温の推定値に信頼が置けるかどうか、と疑問点を列挙している。（「米科学アカデミーの地球温暖化に関する報告書のポイント」を参照）

すでに目新しい事実ではないが、米科学アカデミーの委員会は、温室効果ガスについても言及している。同委員会は、温室効果ガスの中で最も重要なのは二酸化炭素（CO_2）であり、CO_2は自然に発生する気体でもあるが、化石燃料の継続的な燃焼によっても発生し、数世紀にわたり大気中に滞留し、他の温室効果ガスよりも気候変動を引き起こす強制力を持っているとしている。また他の重要な温室効果ガスは、メタン、亜酸化窒素、水蒸気、対流圏のオゾン、クロロフルオロカーボン類（ＣＦＣｓ）であり、これらの温室効果ガスはCO_2にほぼ等しい気候変動を引き起こす強制力を持っていると言っている。メタン、亜酸化窒素、オゾン

米科学アカデミーの地球温暖化に関する報告書のポイント

①過去５０年間に観測された地球大気の温暖化の一部は、少なくとも化石燃料の燃焼による二酸化炭素（CO_2）など温室効果ガスの排出によって引き起こされている。
②地球温暖化が温室効果ガスの増大した結果、起きた可能性があるとの国連「気候変動に関する政府間パネル（ＩＰＣＣ）」の結論は、科学界の現在の考え方を正確に反映している。
③ただ、気候系には数十年から数世紀にも及ぶ自然変動があり、こうした自然変動をコンピューター・モデルで正確にシミュレートできるのか疑わしいので、ＩＰＣＣの結論には不確実性が残っている。
④この不確実性を減らすため、気候モデルの改善と地球規模の観測システムの構築が必要である。

（出所）同アカデミー「気候変動科学に関する委員会」の報告書から

は、自然からも発生するガスだが、人工的に発生したこれら三種類のガスは二十世紀に大気中濃度の大幅な上昇を招いたとしている。さらに、クロロフルオロカーボン類は完全に合成化合物質だと指摘している。

南極、グリーンランドの氷床コア記録が温暖化の最良の情報という米科学アカデミー

米科学アカデミーの委員会は、「過去の気候変動に関する最良の情報は、南極大陸とグリーンランドの氷床を数キロの深さまで掘削した氷床コアから得られ、過去約四〇万年間の大幅な気温変化が明らかになった。これら変化のほとんどは数千年間に及び、一部の急激な温暖化は数十年の期間に起きている」と指摘している。同委員会によれば、氷床コアに封じ込められたCO_2、メタンの大気中の濃度は、寒冷期中には最低水準に下がり、温暖期にはより高くなっている。特にCO_2の濃度は（十八世紀後半の）産業革命までは二八〇ＰＰＭ（一ＰＰＭは体積比率で一

〇〇万分の二）だったが、二十世紀末には三七〇ＰＰＭに達し、過去二〇年間に年間平均一・五ＰＰＭずつ上昇している。「氷床コアの記録によれば、CO_2とメタンは過去約四〇万年間のいかなる時期よりも大気中に満ちあふれている」と、同委員会は指摘している。

米科学アカデミーの委員会は「ＩＰＣＣは温室効果ガスに関する将来の一連の排出量シナリオを検討した。この種の排出量シナリオは価値がある。なぜなら、今後の排出量が二十世紀と同じ様な割合で増え続ける場合に起こるかもしれない気候変動の規模について、警告しているからである」と評価している。その一方で、同委員会は「仮説に敏感に対応するための代替シナリオ、特に将来の技術開発とエネルギー政策に関する代替シナリオが必要だ」と注文を付けている。

米科学アカデミーの「気候変動科学に関する委員会」は、ホワイトハウスからさらにＩＰＣＣの第三次評価報告書と、簡略版の専門的な概要、さらに政策立案者向けの概要との間に、どのように実質的な相違があるのか、審査するよう要請を受けた。同委員会は「ＩＰＣＣ第一作業部会の報告書全文は気候科学の研究活動について賞賛に値する仕事をしており、専門的な概要の要約も妥当である」と言っている。同委員会はただ、それに対応する政策立案者向けの概要は、科学的な不確実性について説明が不十分だとし、ＩＰＣＣの調査分析の改善は、できる限り最良の科学的な検証を保証するために必要であり、また排出抑制などの政策手段について特殊な姿勢を保つ政府〔欧州連合を指すとみられる――引用者〕の影響を余りにも強く受け過ぎていると見られるような事柄から、調査分析を切り離すことが必要である」と釘を刺している。

同委員会は、地球温暖化から受ける潜在的な影響についても目を向けているが、「それらに取り組むための政策的な勧告をするのは当委員会の責任ではない」と突き放している。

「京都議定書には致命的な欠陥がある」と主張するブッシュ米大統領

米科学アカデミー「気候変動科学に関する委員会」が地球温暖化に関する報告書を公表した五日後の二〇〇一年六月一一日、今度はブッシュ米大統領自身が「気候変動レビュー初期報告」を発表した。ブッシュ大統領は『京都議定書』には、根本的な点で致命的な欠陥がある」として議定書の分析を行うと共に、アメリカが気候変動に取り組むために講じている新旧の措置を自賛し、今後、科学・技術の進歩によって気候変動を克服していくとの決意を表明した。「気候変動レビュー初期報告」の内容は、気候変動に取り組むための現在の措置、京都議定書の分析、気候変動科学の進歩、気候変動に取り組むための技術の進歩、西半球や世界での協力——といった五部から構成されている。(別表の「ブッシュ大統領の『京都議定書』批判のポイント」を参照)

ブッシュ大統領は、その中の「京都議定書の分析」で、まず「京都議定書には根本的な点で致命的な欠陥がある。議定書は科学に基づく長期的な目標の設定をしないで、アメリカ経済や世界経済を深刻で不必要な危険にさらそうとしている」と述べ、さらに「議定書は世界の大部分(発展途上国)を除外しているので、気候変動に取り組むには効果がない。議定書は排出量削減要求を先進国だけに適用し、発展途上国の排出量が急増しているにもかかわらず、途上国には今までどおりの経済活動(ビジネス・アズ・ユージュアル)の継続が可能だ」と不満を表明した。途上国の排出量は二〇一〇年には先進国の排出量を追い越すとみられている。し

ブッシュ米大統領の「京都議定書」批判のポイント

① 京都議定書には、根本的な点で致命的な欠陥がある。
② 京都議定書は発展途上国を除外しているので、気候変動に取り組むには効果がない。
③ 京都議定書の目標は科学に基づいていない。
④ 京都議定書の目標は無謀である。
⑤ 京都議定書は、アメリカ経済と世界経済に敢えて重大な損害を与えようとしている。
⑥ 京都議定書は、アメリカの排出目標の達成を他国への危険な依存に委ねようとしている。

（出所）同大統領の「気候変動レビュー初期報告」から

かし、「気候変動レビュー初期報告」は、途上国の温室効果ガスの正味排出量（土地利用による排出と吸収分を含む）は、すでに先進国を上回っており、途上国の年間排出量は二〇一〇年には一九九〇年と比べ二倍に増え、アメリカが議定書でこの間に求められる全削減量の二倍になると指摘している。（別表の「ブッシュ大統領の主張する主要温室効果ガスの主な排出国」を参照）

京都議定書ではアメリカは今後七年間に三分の一の排出量削減を迫られる

京都議定書の科学的根拠について、ブッシュ大統領は「京都議定書の削減目標は科学に基づいていない。議定書の削減目標と日程は政治交渉の結果、恣意的に合意が達成されたものであり、具体的な科学的情報や長期的な目標とは関連性がない」と指弾した。大統領はさらに「京都議定書の目標は無謀だ。議定書では、アメリカの二〇〇八年から二〇一二年まで（議定書の第一削減期間）の排出量削減目標は、一九九〇年と比べ年間七％の削減となっているが、この削減値には一九九〇年から二〇一二年

ブッシュ米大統領が主張する主要温室効果ガスの主な排出国(1995年)

国　名	世界の総排出量に占める割合	排出量(炭素換算100万トン)
世界全体	100%	6173
アメリカ	23%	1407
中国	14%	871
ロシア	8%	496
日本	5%	308
インド	4%	248
ドイツ	4%	228
イギリス	2%	148
ウクライナ	2%	120
カナダ	2%	119
イタリア	2%	112
韓国	2%	102
メキシコ	2%	98
フランス	2%	93
ポーランド	1%	92
南アフリカ	1%	83
インドネシア	1%	81

以上16か国で75%を占める。全温室効果ガスだとアメリカの排出量は20%以下。オークリッジ米国立研究所、米エネルギー省のデータによる。

までに増加する排出量を考慮に入れておらず紛らわしい。アメリカの現在の排出曲線からみて、この期間の実質的な削減は三〇％を超す」と述べ、議定書の削減目標の実現がアメリカにとって到底、不可能なことを示唆した。

その上で、大統領は「換言すれば、この目標を達成するために、アメリカは今後七年以内に温室効果ガスの排出量を三分の一削減しなければならないことになる。そのためにはアメリカの企業は多額の株式資本の償還を期限前に余儀なくされ、米経済に多大で不必要な負担を課すことになる」と、国内経済への悪影響を懸念した。大統領はまた、各国の独自の温暖化緩和措置を議定書が認めていないことにも触れ、「議定書は、目標達成措置として炭素固定化の利用を制限し、気候変動に影響を与え、削減すれば健康にも有益なブラックカーボンや対流圏オゾンなどの物質を取り上げていない」と苦言を呈している。

アメリカは世界の気候変動研究費の半分を支出と豪語するブッシュ大統領

ブッシュ大統領は「議定書の目標が科学に基づいていない」と断言した根拠について、この初期報告の別項目「気候変動科学の進歩」で、米科学アカデミーの見解として①気温上昇の規模と進度を決める気候系のフィードバック②化石燃料の将来の使用量とメタンの将来の排出量③海洋と他の吸収源（シンク）が隔離する炭素の量と大気中のその残存量④地球規模の気候変動に起因する地域的な気候変動の詳細⑤気候の自然変動の性質と原因、その強制的な変動との相互作用およびエアロゾルの直接的、間接的な影響――の五点に気候変動の本質的な不確実性が残る、と指摘している。

大統領は「アメリカは気候変動の研究で世界をリードしており、欧州連合（EU）の一五か国と日本を合わせたより多額の資金を費やし、一九九〇年から一〇年間に総額約一八〇億ドル（現換算で約二兆三四〇〇億円）を投じている」と述べている。世界の年間支出額の半分をアメリカが負担しており、この金額は二番目の支出国の三倍にのぼるとしている。

そこには、世界のどこの国よりも大金をかけて気候変動の研究に取り組んでいるのだから、アメリカの研究が一番優れているのであり、他国にとやかく言われる筋合いはないというような姿勢が、行間に滲み出ている。ブッシュ大統領は、「気候変動に関する政府間パネル（IPCC）」による気候変動研究の不確実性をこれみよがしに指摘し、京都議定書を離脱した口実の前提として伏線を張るのに利用している。人類全体で取り組まなければならない地球規模の気候変動問題に対し、そういう言い逃れをするなら、アメリカ自身こそ、過去一〇年間に巨額の資金を投じて、気候変動の不確実性を究明できなかったことのほうが問題なのである。

アメリカは現在、世界の温室効果ガスの四分の一近く（京都議定書の削減基準年の一九九〇年には三分の一以上）を排出し、地球の資源を他のどの国よりもたくさん消費しているのだから、なおさらである。

アメリカの責任は、次の事実からも否定できない。アメリカの気候変動に関連する研究の大半は、国家研究プログラムとして「地球変動研究プログラム（USGCRP）」に取り込まれている。アメリカの二〇〇二会計年度のUSGCRP向け予算額は一六億ドルで、そのうち半分が気候変動の研究に、残り半分が関連の衛星観測システムに投じられる。ブッシュ大統領は「気候変動科学の進歩」の中で、『地球変動研究プログラム』は、レーガン政権下で定義づけが始まり、（先代の）ブッシュ政権下で大統領イニシアチブとなり、一九九〇年の地球変動研究法で議会によって成文化された」と言っている。ちょっと紛らわしいが、つまり、ブッシュ現大統領の父親の仙台ブッシュ政権時代に、気候変動研究を大統領が責任をもって取り組む必要のある政策の一つとして格上げし、それをクリントン前政権に引き継ぎ京都議定書に賛成したのだから、京都議定書からの離脱はアメリカのエゴイズムで無責任と非難されても仕方がない。

京都議定書を実行すれば、米経済に石油危機に相当する打撃を与える

京都議定書がアメリカの経済に及ぼす影響について米経済界の関心は高い。ブッシュ大統領はさらに「京都議定書の分析」で「京都議定書は、米経済と世界経済へ大きな損害を与えることを教えようとしている。議定書は、費用がどれだけかかるのか、何が重大なのか、おかまいなく目標を達成するよう、アメリカに求めている。ほとんどの予測モデルが、排出量（権）取引を除外して、京都議定書を実行した場合、アメリカの国内総生産（GDP）は二〇一〇年までに一％から二％低下するとみている。二％の低下は、一九七〇年代の石油危機（一九七三年と一九七九年に二回起こった）の衝撃に相当する」と不安を隠さない。さらに「米エネルギー省のモデルは、アメリカが二〇〇五年まで排出規制を実施せず、また排出量取引にも参加しなければ、GDPが四％低下すると予測している。そうなれば、米経済は力強い成長経済から景気後退に転じ、世界経済へも重大な波及効果をもたらす可能性がある」と指摘し、大統領は世界経済への悪影響も懸念している。

アメリカは燃料消費源の石油の五二%、天然ガスの一六%を輸入に依存し、石油と天然ガスの確保が死活的に重要になっている。（別表「アメリカの石油輸入地域」と「アメリカの燃料消費源」を参照）

排出量取引はアメリカの他国への危険な依存度を高める

京都議定書では、先進国が排出目標を達成しやすくするための国際的な仕組み（京都メカニズム）として、排出量（権）取引をはじめ、共同実施、クリーン開発メカニズム（CDM）といった三つの柔軟性措置が認められている。この排出量取引と共同実施は先進国同士で、またCDMは先進国と途上国との間で実施される取引だが、ブッシュ大統領は乗り気でない。

ブッシュ大統領は「アメリカは排出目標を達成するため、他国への危険な依存を余儀なくされる。ほとんどの経済モデルは、他国との排出量取引を通じた削減達成費用は、国内で同様の削減目標を達成する費用の半分で済むと見積もっている。多くのアナリストは、排出量取引こそがアメリカが排出目標を達成できる唯一の方法だと指摘している。だが、二〇〇八年から二〇一二年までの予想排出量が、排出目標を十分に下回るロシアや東欧の数か国を除けば、他国に売れる多量の余剰排出量をもつ国は少ない。アメリカがこうした排出量を獲得できるかどうか保証はない」と警戒心を隠さない。

「気候変動レビュー初期報告」は、①排出量の売買には排出量の計測・モニタリングが必要だが、余剰排出量をもつ国の中には計測・モニタリングの条件を満たせない国もある②これらの国が条件を満たせるかどう

アメリカの石油輸入地域(2000年)

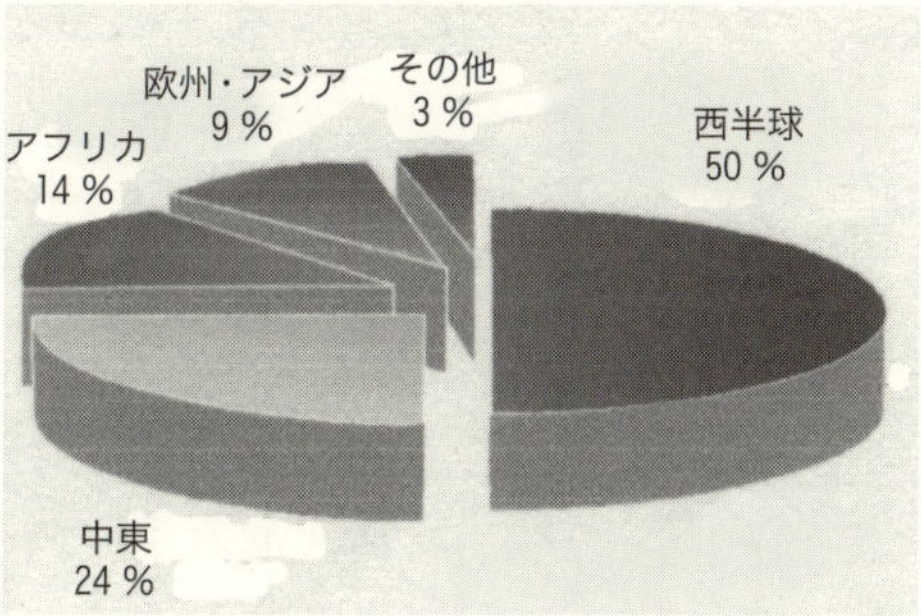

(出所)米エネルギー省／エネルギー情報局

アメリカの燃料消費源(1999年)

石油の52%は輸入、天然ガスの15〜16%は主としてカナダから輸入している。

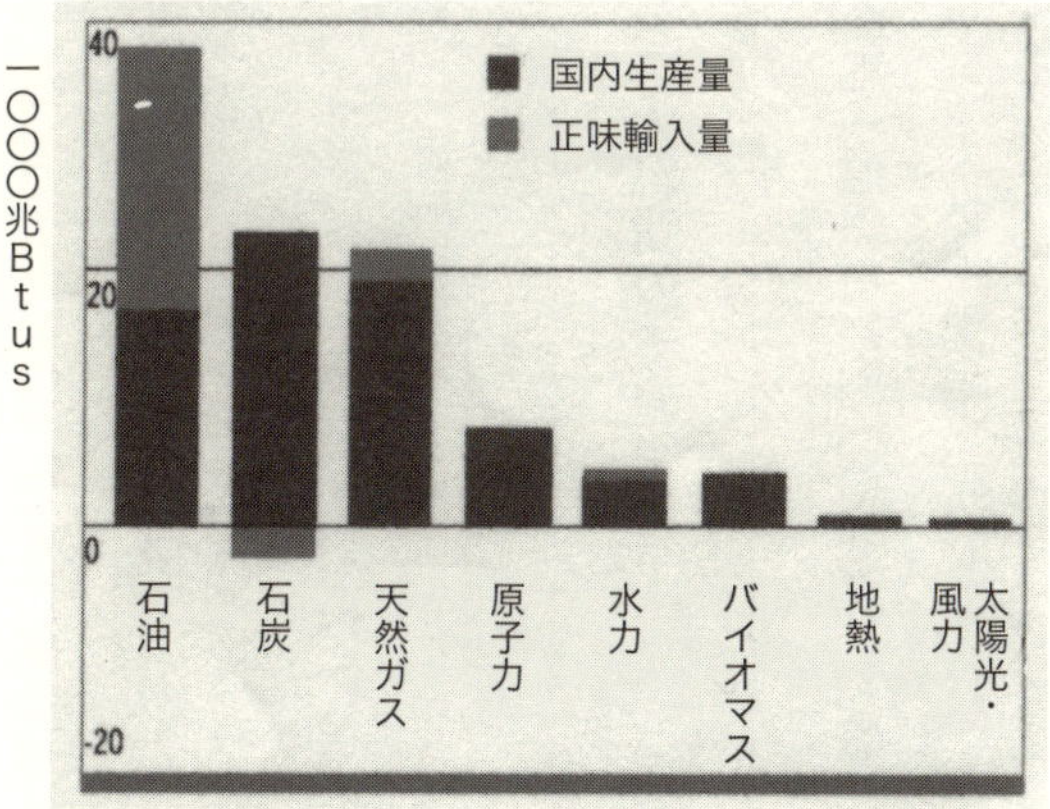

(出所)米エネルギー省／エネルギー情報局

かは、少なくとも二〇〇七年まで判らない可能性が大きい③アメリカが（将来）自国の削減義務を引き受けたあとでも、目標達成費用について不確実性が伴うとしている。さらに、これらの国が条件を満たし、排出量の売買を許可されても、アメリカの排出量買い入れ額は、毎年数十億ドル（数千億円）に及ぶ取引となり、意義のある排出削減目標も、気候への利益も実現できないだろう、と初期報告書は結論付けている。

この排出量取引の動向については、本書の第Ⅳ部で詳しく取り上げるが、アメリカではすでに産業界で排出量を市場取引するための「シカゴ気候取引所」の開設に向け急ピッチで準備が進んでいる。産業界でもかなりの企業が排出量取引に積極的であり、ブッシュ政権と産業界の足並みは必ずしも一致しておらず、ほころびが見え始めている。

「京都議定書は科学に基づいていない」というブッシュ大統領の矛盾

米科学アカデミー「気候変動科学に関する委員会」が地球温暖化について発表した報告書と、その五日後にブッシュ大統領が発表した「気候変動レビュー初期報告」で京都議定書に対して行った批判を比較すると、両者の間に政治家と科学者との使命の違いと共に、科学的な根拠に対する見解の相違が明確に浮き彫りになっている。ブッシュ大統領は、この初期報告で「京都議定書には致命的な欠陥がある」として議定書を明確に拒否し、アメリカが議定書とは別に独自の方法で温暖化対策に取り組む姿勢を鮮明にしたと言える。

その証拠として、大統領は初期報告で、アメリカが現在、気候変動に取り組んでいる諸措置を事細かに列挙した挙げ句、アメリカが今後、科学・技術を駆使して気候変動に対処していく決意を表明している。これを裏返して言えば、ブッシュ大統領自身も、地球温暖化の進行がもはや避けられないことを承知していることにもなるわけなのだが、大統領はこの初期報告で「京都議定書の目標は科学に基づいていない」とか「京都議定書は無謀である」といったような、とりようによっては一種の〝失言〟に近い言葉を吐いている。

もし京都議定書が科学に基づいていない無謀な条約であるというのなら、大統領自身が米科学アカデミー委員会の地球温暖化に関する報告書の内容をどう解釈しているのか理解に苦しむ。そもそも京都議定書はIPCCの作成した気候変動に関する評価報告書（第一次と第二次）を科学的な根拠として成立したのである。米科学アカデミー委員会は、そのIPCCの第三次評価報告書の結論について「科学界の現在の考え方を正確に反映している」と明言し、科学的な根拠を大筋で認めている。

ブッシュ大統領が頑なに京都議定書を拒む本当の理由は、大統領が「気候変動レビュー初期報告」でいみじくも心中を吐露したように、アメリカの二〇一〇年の排出削減量は議定書で課せられる七％削減などではなく、実際には三〇％以上の削減が避けられず、自国経済への打撃を懸念したからである。科学アカデミーについても気になるのは、「IPCCの結論について不確実性が残る」と念を押し、大統領への〝政治的配慮〟が若干うかがわれることだ。歴史を見れば、国や民族だって、身近な社会だって、少し時間の尺度を長く取れば、この世界に確実なものなど何も存在しない。まして環境問題は不確実性に満ちている。特に地球温暖化は、二度と繰り返せない「地球規模でのたった一回限りの実験」をしていることに他ならないのだから、確実な解答を待って対策を講じるのでは、もはや手遅れになるのだ。たとえ不確実であっても、早めに予防的な対策を講じて地球環境を守るほうが、人類全体にとって賢い対処の仕方である。そのためにはアメリカこそ、化石燃料の大量消費の上に成り立つ現行の大量生産・大量消費・大量廃棄の文明のあり方そのものを根底から考え直し、その上で地球温暖化対策を講じる必要があると言える。

2　ブッシュ代替案をどう読むか

技術開発で温暖化に取り組む「国家気候変動イニシアチブ」を発動

しかし、アメリカはそうした浪費文明の根本的な構造改革を放置したまま、あくまで技術開発に依存して地球温暖化の緩和を図ろうとしている。ブッシュ大統領は「気候変動レビュー初期報告」で、「アメリカは技術と革新における先導者であり、我々はみな、技術が排出量を大幅に削減するうえで大いなる保証をもたらすと信じる」と〝技術信奉主義〟を鮮明にし、「国家気候変動イニシアチブ」の創設を打ち出した。このイニシアチブでは、①アメリカの気候変動技術に関する研究開発の現状評価と改善勧告②温室効果ガス排出量の低コストでの削減に最も有望な高度緩和技術の開発など、大学、国立研究所における基礎研究強化の指導③

ブッシュ大統領の「国家気候変動技術イニシアチブ」のポイント

① アメリカにおける気候変動技術に関する研究開発の現状評価と改善の提言をする。
② 温室効果ガス排出量の低コスト削減に対する最も有望な高度緩和技術の開発などについて、大学と国立研究所における基礎研究強化の指導をする。
③ 温室効果ガスの排出量削減の革新的でコスト効果の高い取り組みを進めるための応用研究開発における官民パートナーシップの機会を創出する。
④ 先端技術の実証プロジェクトに対する資金供与の提言をする。
⑤ 温室効果ガスの総排出量と正味排出量を計測・モニターするための改良型技術の開発をする。

（出所）同大統領の「気候変動レビュー初期報告」から

温室効果ガスの排出量を削減するため、革新的で費用効果の高い取り組みを進める応用研究開発において、官民パートナーシップを強化する機会の創出④先端技術の実証プロジェクトへの資金供与提言⑤温室効果ガスの総排出量と正味排出量を計測・モニターする改良技術の開発――の五項目を挙げている。（別表の「ブッシュ大統領の『国家気候変動技術イニシアチブ』のポイント」を参照）

ブッシュ大統領のいう温室効果ガスの削減は、いわゆる「削減」ではない

ブッシュ大統領は、「気候変動緩和技術の重要性」として「温室効果ガスの排出量削減とコスト抑制において、技術が今後も重要な役割を果たし続ける。一九九二年に成立した『気候変動枠組み条約』の温室効果ガスの大気中濃度の安定化という長期目標に、二つの方法で取り組むことが可能だ」と言っている。大統領の提示した二つの方法とは、一つが「温室効果ガスの削減」、もう一つが「温室効果ガスの排出源あるいは大気中へ排出後の回収と隔離（固定化）」である。世界の温室効果ガスの四分の一近

くを排出するアメリカに求められているのは、まさにこの「削減」である。自国内で浪費経済を自制し、温室効果ガスの排出量をとにかく削減することなのだ。

しかし、大統領の言う削減とは、こうした意味の純然たる削減ではなく、まさしく「エネルギー効率の改善と、低炭素燃料の使用増大を目的とするポートフォリオによって、温室効果ガスの排出量削減と最終的な濃度安定化に役立てる」ことなのである。大統領は「温室効果ガスは社会全体にわたり余りにも広範に排出されているので、大気中の濃度上昇を安定化させるには単一の技術では十分でないようだ」と述べ、削減の意味を技術による温暖化の緩和という意味にすり替えてしまっている。もう一つの方法について、大統領は「現在、利用可能な技術を用いて、炭素回収が限定的に行われている。大気中から二酸化炭素（CO_2）を除去するための高度な化学的、生物学的な仕組みを探求するため、研究開発の継続が必要だ」と強調している。しかし、炭素の隔離（固定化）や回収技術は、そうした技術自体に、また新たなエネルギーが必要となるから、結果として温室効果ガスの排出量を減らすことにはならないという科学者の指摘も多い。

気候変動を緩和する技術の研究開発に投資する基準として、ブッシュ政権は、私企業の枠を超えた広い公益性があること、産業や経済に大きな影響力をもつ技術については政府が民間企業と協力すること、連邦・州政府が技術基盤の整備、経済・規制・貿易政策の適用、研究開発の支援をするのに対し、民間企業は製品開発に責任をもつこと、アメリカのリーダーシップを維持するため、投資資金の配分は科学・技術界の最高水準にあるプロジェクトを対象にすることを挙げている。

こうした基準に基づいて「国家気候変動イニシアチブ」の五つの目標が実施される訳である。その第一点、研究開発の現状評価と改善勧告は、大統領から指示を受けた商務長官、環境保護庁官、エネルギー長官が行う。この場合、大統領は、気候変動の緩和技術の開発で民間企業に伴う費用効果のリスクに留意し、投資の対象分野や投資額について適切な回答を求めている。具体的に投資の可能な対象分野としては、特にバイオテクノロジー（生命工学）などの技術進歩に着目し、光合成を行うバクテリアなど生物界の潜在力を利用するバイオリアクター（生物反応器）の開発、二酸化炭素（CO_2）を環境にやさしい鉱物に転化させるミネラル・カーボナイゼーション（鉱物炭化）技術の研究などを挙げている。この鉱物炭化技術は土地を再生利用する試みとして、鉱山の採掘跡の埋め立てに使用可能であり、またバイオリアクターは水素などクリーン・エネルギーの生産に必要な技術として注目している。

第二点の大学、国立研究所の基礎研究強化の指導では、温室効果ガスの排出量を低コストで削減可能な高度技術を開発するため、連邦政府が現在、エネルギー効率の向上している分野で実施している民間との協力体制を強化する。具体的な対象分野としては、発電の副産物である熱を効果的に利用するコジェネレーション（熱電供給）技術の産業界での応用、省エネと温室効果ガスの削減を進めるビルの管理運営システムの普及をはじめ、効率の高いハイブリッド乗用車の開発、温室効果ガスの排出の少ないバイオマス（熱資源としての植物体と動物の廃棄物）の利用、石炭火力発電所の温室効果ガスを緩和し、大気有害物質を減らすアメリカン・プレーリー・スイッチ草（乾草用キビ属の草）など草質系作物の開発などを挙げている。

第三点の応用研究開発の官民パートナーシップ強化では、温室効果ガスの排出量を削減するための一助として先端技術を有望視し、具体的に地熱発電所と燃料電池の開発促進を挙げている。地熱発電所は、大量の地熱資源が未開発であり、西部の電力不足に対応して、改良型蓄電器や熱交換器など、次世代の地熱発電所の技術が経済と環境の便益を実証し、新たな開発に拍車を掛けるとしている。今後二年以内に燃焼火力型施設に代わって、新たに一〇〇メガワットから三〇〇メガワット（一メガワットは一〇〇〇キロワット）の地熱電力が、新規および既存の発電所で利用が可能になると言っている。また燃料電池はアメリカの宇宙開発計画からもたらされた製品で、固定型発電装置向けの第一世代の燃料電池が一九九五年に商業化され、第二世代が現在、実証段階にあるとしている。

第四点の実証プロジェクトに対する資金供与提言と、第五点の温室効果ガス排出量を計測・モニターする改良型技術開発では、温室効果ガスの総排出量と正味排出量が正確に数量化されていないと、排出量削減や炭素固定化プロジェクトに民間企業の投資を呼び込むのが難しいとして、計測・モニター技術の確立が重要なことを指摘している。例えば、農業の土地利用からも温室効果ガスが発生し、肥料や燃料などの最適化を図る必要があるが、土地管理慣行が異なり、温室効果ガスの正確な排出量が掌握されていない。具体的な一つの対策として、新しい改良型センサーを地球観測衛星や高空を飛ぶ航空機に積載し、二酸化炭素（CO_2）、メタン、オゾンなど温室効果ガスを非常に正確に定期観測するとしている。

京都議定書の代替案「クリーン・スカイズ＆地球気候変動イニシアチブ」を発表

二〇〇一年三月に京都議定書からの離脱宣言をした後、ブッシュ大統領は同年六月に米科学アカデミーの

「地球温暖化に関する報告書」、さらに同月大統領の「気候変動レビュー初期報告」、エネルギー省の「新エネルギー政策」と一連の地球温暖化対策を発表した。だが同年九月十一日、ニューヨークの世界貿易センタービルや首都ワシントンの米国防総省ビルへの航空機激突テロとアフガニスタンでの戦争に追われ、京都議定書に替わるアメリカの代替案は発表されなかった。アメリカがどんな代替案を出すのか世界が見守っていたところ、ブッシュ大統領は二〇〇二年二月十四日、「クリーン・スカイズ&地球気候変動イニシアチブ――地球温暖化に関する新たな取り組み」と銘打った京都議定書の代替案を発表した。このイニシアチブは、火力発電所から排出される大気汚染物質を削減する政策と、温室効果ガスの排出量を削減する政策の二本立てで構成されているが、全体として京都議定書に替わり得る代替案と言えるものではなかった。

前者の大気汚染物質の削減を目的とする「クリーン・スカイズ・イニシアチブ」は、火力発電所から排出される最も重要な三種類の大気汚染物質である二酸化硫黄（SO_2）、窒素酸化物（NO_x）および水銀の大幅な削減を目指す。これらの大気汚染物質は、都市郊外のスモッグ（大気汚染）、酸性雨をはじめ、健康障害を引き起こす原因となっている。特に二酸化硫黄と窒素酸化物はぜん息などの呼吸器疾患と心臓病の原因物質として、また水銀は妊娠中の胎児への危険性が指摘されている。大統領は、現在の水準と比べ二酸化硫黄の排出量を七三％、窒素酸化物の排出量を六七％、さらに水銀の排出量を六九％それぞれ削減する「クリーン・スカイズ法」を制定し、削減は二段階に分けて緩やかに実施し、第一段階を二〇一〇年に、第二段階を二〇一八年に完了するとしている。（別表の「クリーン・スカイズ・イニシアチブ」を参照）

この「クリーン・スカイズ・イニシアチブ」は、規制による削減よりむしろ市場に基づく汚染物質の削減

「クリーン・スカイズ・イニシアチブ」

火力発電所の三大有害大気汚染物質の排出量を劇的かつ着実に削減

① 二酸化硫黄（SO_2）排出量の73%削減（現在の排出量1100万トンから、2010年に上限450万トンに削減、2018年に300万トンに削減）

② 窒素酸化物（ＮＯｘ）排出量の67%削減（現在の排出量500万トンから、2008年に上限210万トンに削減、2018年に170万トンに削減）

③ 水銀の排出量を69%削減（現在の排出量48トンから、2010年に上限26トンに削減、2018年に15トンに削減）

（出所）ブッシュ大統領の発表文面

に取り組むやり方を選んだ。大統領は「クリーン・スカイズ法は技術革新に利益をもたらし、コストを削減し、成果を保証する市場に基づいた排出枠取引を通じて、野心的な大気質の改善目標を達成する法律である。政府は公益企業に対し汚染物質をどこで、どのように削減するのかではなく、いつ、どのように削減するのか通告することになるだろう。断固とした期限を切り、目標を達成するために最も革新的なやり方を見つけてもらう」と明言した。さらに大統領は「この取引は、各公益企業に対し、排出汚染物質一トンごとに早期に費用効果の高い削減を行うインセンティブを与えることになる」と付け加えている。

しかし、大気汚染物質の排出枠取引は、ブッシュ大統領が初めて打ち出した政策ではない。アメリカではすでに一九九〇年代に大気汚染物質を大幅に削減する成果をもたらしている。大統領は「われわれは一九九五年以来、二酸化硫黄の排出枠取引プログラムを活用している。この制度は、一九九〇年の大気浄化法に基づく他のすべてのプログラムを合わせたより、多量の大気汚染物質を過去一〇年間に削減した。しかも法律の遵守率は事実上一〇〇%

であり、このプログラムを管理する職員はごく少数に過ぎない」と指摘している。この排出枠の取引制度は、企業の革新的な技術の創出と設置を刺激し、これらの削減で予期したより約八〇%のコストが節減できたとしている。

温室効果ガス強度を今後一〇年間に一八%削減する

京都議定書の代替案のもう一つの柱である「地球気候変動イニシアチブ——地球温暖化に関する新たな取り組み」について、ブッシュ大統領は、一九九四年に発効し、温室効果ガス削減の国際目標を設定した気候変動枠組み条約を再確認した上で、「われわれが直ちに実行に移す目標は、経済規模と比例して、温室効果ガスを削減することである」と述べ、「アメリカは二〇一二年までに温室効果ガス強度を一八%削減し、今後一〇年間に五億トンの排出を止める」と強調した。大統領によると、これは自動車七〇〇〇万台を廃止するのに等しいという。

大統領はさらに、この目標達成のために①企業のさらなる排出量削減への挑戦②排出量削減を計測・登録するための世界的な基準の創設③真の排出量削減をもたらす移転可能な排出クレジットの企業への配分④再生可能なエネルギーの生産、クリーン石炭技術、原子力発電の促進⑤乗用車やトラック向け燃料の効率的使用の安全性向上を挙げている。企業の排出量削減では、半導体、アルミニウム産業などとの協定により、一部の温室効果ガスの劇的な削減が実現しているとしている。

気候変動に取り組むための予算の裏付けについて、大統領は「二〇〇三年度は前年度より七億ドル以上多い四五億ドル（約五九〇〇億円）にのぼる予算を計上した。この予算額は全世界のどこの国よりも多い。わが国は政策立案者にとって重要な知識のギャップに応えるため、基礎的な気候および科学研究で世界をリードし続けている」と自負している。さらに大統領は、省エネルギー技術の研究開発に五億八八〇〇万ドル（約七六〇億円）、再生可能エネルギーの研究開発に四億八〇〇万ドル（約六二〇億円）を投じると言っている。この再生可能エネルギーの研究開発予算には、ゼロ・エミッション燃料電池技術への突破口を開くのではないかと期待の高まる「フリーダム・カー（自由の車）・イニシアチブ」が含まれているとしている。

クリーン・エネルギー開発について、大統領は①クリーン・エネルギーの税制優遇措置として今後五年間に四六億ドル（約六〇〇〇億円）を計上し、ハイブリッドおよび燃料電池車の購入奨励、住宅用ソーラー・エネルギーの促進、風力、ソーラー、バイオマス・エネルギー生産の投資奨励を行う②農場や森林の炭素蓄積量を増やすための方法を探し、土地所有者に炭素蓄積量を増加させるインセンティブを与えるとしている。

ブッシュ大統領は、こうした一連の対策により「アメリカが私の設定した目標に到達すると絶対確信している」と強調した。大統領は「しかし、二〇〇二年までにわれわれの進捗は十分ではなく、〝健全な科学〟はさらなる行動を正当化しており、アメリカは、技術の開発と展開を加速するためのインセンティブの追加、自発的な措置を含む追加的措置はもちろん、広範囲の市場プログラムを実施して対応する」と述べた。

京都議定書は四九〇万人の職を奪う――米産業界はブッシュ代替案を歓迎

さらにブッシュ大統領は、京都議定書が自国経済に与える悪影響問題を重ねて持ち出し、「京都議定書下の取り組みは、アメリカに恣意的な目標を達成させようとして、われわれの経済に対し過大かつ即時の削減を求めている。この取り組みはわれわれの経済に四〇〇〇億ドル（約五二兆円）に及ぶ犠牲を払わせ、四九〇万人の仕事を奪うことになるだろう」と強調した。その一方で、大統領は再び発展途上国問題にも言及し、「中国、インドのような途上国はすでに世界の温室効果ガス排出量の大部分を占めており、彼らが一部の分担義務を引き受けるのを免除することは無責任だろう」と不満をぶつけている。しかし大統領は「アメリカは京都議定書の批准を選ぶいかなる国の計画も妨げない」と念を押すと共に、新予算には①米国際開発局（USAID）と途上国を支援するための地球環境ファシリティ（GEF）向けの予算二億二〇〇〇万ドル（約二九〇億円）②熱帯雨林保存法に基づく同雨林保護予算四〇〇〇万ドル（約五〇億円）③途上国の気候観測システム向け予算二五〇〇万ドル（約三三億円）といった途上国関連予算が含まれていると述べている。

このようなブッシュ代替案に対し、産業界からは予想通り代替案を支持する大きな反響があった。例えば、エディソン電気研究所、全米製造者連合、全米鉱業連合などは「大胆なリーダーシップ」「柔軟な取り組み」と言って、ブッシュ代替案を賞賛した。石炭業界の第一の代弁者である全米鉱業連合のジャック・ジェラルド会長は「アメリカ経済に不必要な損害を与えることがない限り、ブッシュ大統領の提案を支持する。われわれが見るところでは、バランスのとれた取り組みだ」と歓迎している。また一部の電力会社は、義務的な削減は避けられないので、企業が投資決定でその責任を負えるように、遅くなるよりむしろ早目に削減を開始するほうが好ましいことだと積極的な発言をしている。顧客八〇〇〇万人を擁するエネルギー会社九社を代表する「クリーン・エネルギー・グループ」のスポークスマン、マイケル・ブラッドリー氏は「アメリカは政治的に賢明な方向を目指しているが、他の先進工業国は明らかに別の方向へ向かっている。アメリカではいずれ同様のプログラムが出現するのは避けられない」とコメントしている。

言辞を弄した中身の伴わないブッシュ代替案に相次ぐ批判

ブッシュ大統領が発表した京都議定書の代替案「クリーン・スカイズ・イニシアチブ」と「地球気候変動イニシアチブ――地球温暖化に関する新たな取り組み」が、温室効果ガスの削減にどんな効果があるのか、産業界を除いた米国内の評価は芳しくない。ブッシュ大統領は「技術イニシアチブ」とか「クリーン・スカイズ」とか聞こえの良いキャッチフレーズを好んで使う。こうした言葉で飾りつけたブッシュ代替案の肝心な中身について、経済学者ポール・クルーグマン氏が『ヘラルド・トリビューン』紙で正鵠を得た痛烈な批評をしている。同氏はまず「ニューヨークでは買い物客にこう警告している。商品の説明書にある余分な言葉はとても大切だが、めったに良いものがないとね。われわれのほとんどは〔チーズまがいの〕〃チーズフード〃が普通のプレーンチーズだとは考えていないよ」と皮肉ったあと、「ブッシュ政権の〃温室効果ガス強度〃を

「地球気候変動に関する新たな取り組み」

①温室効果ガスの排出量を国内総生産（ＧＤＰ）に比例して今後10年間に18%削減

2002年にＧＤＰ100万ドル当たり推定183トンから、2012年にＧＤＰ100万ドル当たり151トンを削減する。

②温室効果ガスの計測強化および排出量削減の投資奨励

計測の正確性、信頼性、検証性の強化など温室効果ガスの登録制度を改善し、企業に新クリーン技術や自発的な削減に投資するためのインセンティブを与える。

③排出量削減のための移転可能なクレジットの保護と提供

大統領がエネルギー長官に対し、将来の気候政策下で、登録して自発的な削減をする企業が罰せられないこと、企業にクレジットを与え真の排出量削減が証明できるようにすることを指示した。

④気候変動に関する進捗状況のレビュー

健全な科学がなお一層の政策措置を求めているので、技術の開発と展開を加速するための追加的インセンティブと自発的な措置と同様、広範な市場プログラムを含む追加的な措置を講じて対応する。

⑤前例のない気候変動・関連プログラムへの資金供給

2003会計年度の予算で、地球気候変動と関連活動に対し、前年度より７億ドル多い45億ドルを計上。この予算には、今後５年間に再生可能エネルギー源開発に講じる税制優遇措置（総額46億ドル）の初年度分が含まれている。

⑥新たに拡大した国内および国際政策の包括的な範囲

気候・関連科学および技術の研究開発の拡大、再生可能エネルギー利用拡大、企業部門の挑戦、輸送部門の改善、炭素隔離技術へのインセンティブ、発展途上国の気候観測と緩和への支援強化。

⑦京都議定書に対するより良い代替案

京都議定書が求めているように、温室効果ガスの排出量を劇的に削減するよりも、成長に基づいた取り組みのほうが新技術の開発を加速し、気候変動問題に関する発展途上国とのパートナーシップを促進する。

（出所）ブッシュ大統領の発表文面

一八％削減すると言う誓約は、実際に温室効果ガスを削減するかのように思える。だが、余分な言葉は（実体を）見誤りやすくするものだ。実際にブッシュ政権は達成する提案を何もしていない。特定の政策だってありふれたものだし、事実上何も効果はない」と酷評した。

ブッシュ大統領はもともと環境問題への関心が低い。同氏は「気候変動について何もしたくない政権がなぜ、こうしたショーを上演する負い目を感じているのか、本当に疑問である。その答えはもちろん、ブッシュ政権が明らかに環境問題について国民と歩調が合わないということである。地球の運命について冷淡だと、それが一般に高く評価されても嫌われる」と指摘する。そのうえで、クルーグマン氏は次のように結んでいる。「こうした潜在的な政治的脅威に対処するため、ブッシュ政権は環境規制の経済的コストを過大視している。チェイニー副大統領は二〇〇一年春、陰険にも環境規制が（石油の）精製能力の不足を引き起こしたとほのめかした。そして信じがたいことだが、ブッシュ大統領がいま、京都議定書が何百万もの仕事を奪うとわれわれに語る。そこで、買い手はご用心を。政府が二月十四日に提供したものは気候変動政策の加工食品であり、全く本場ものに耐えない類似品のしろものだ」。

また米『ニューズデー』紙は「ブッシュ大統領が米経済への打撃を理由に京都議定書を拒否したのは正しい」としたものの、「代替案は余りにも経済的な利害関係に重点を置き過ぎ、環境の関心事への配慮が不十分だ」と論評している。

一方、米国内の環境ＮＧＯ（非政府組織）の批判も手厳しい。「気候変動に関するＰＥＷセンター」のアイリーン・クローセン会長は「ブッシュ代替案は今のままの排出（ビジネス・アズ・ユージュアル）を認めている。

現在の進路を歩み続ければ、二〇一二年までにアメリカの排出量は一九九〇年の水準を二五％上回る。現時点でも一九九〇年より一四・五％多い。それなのに（排出量の）報告や情報開示すら義務付けていない。（京都議定書の）目標をアメリカ経済に恣意的に結び付けてはいけない」と釘を刺している。また世界自然保護基金（ＷＷＦ）の気候変動プログラムの責任者ユート・コリヤー氏は「ブッシュ大統領は代替案が気候変動を減らす助けになると本当に考えているなら、頭を冷やさなければならない。気候変動が潜在的に抱える破局的な衝撃を抑えようとするなら、温室効果ガスの排出量削減が絶対に必要だ」と批判している。

「全米資源防衛評議会（ＮＲＤＣ）」と「クリーン・エア信託のための全米環境トラスト（信託）」は「ブッシュ提案は温室効果ガスを削減するのではなく、産業界に数十億ドルの新クレジットを与えることによって、排出量の増加速度を落とそうと期待しているだけだ」と非難した。両ＮＧＯとも「ブッシュは二酸化硫黄、窒素酸化物および水銀に設けた新しい排出目標に完全に従うため、二〇一八年まで公益企業の実施期限を引き延ばすだろう。新目標が実現するのは現行の実施期限が十分に過ぎて、ブッシュがとっくに退職したあとのことになるだろう」と苦りきっている。さらにＮＲＤＣ気候センターのデービッド・Ｇ・ホーキンズ所長は「ブッシュの計画は温室効果ガスを今日の水準から削減するのではなく、過去と同じくらい将来にもアメリカが汚染を続けることなのだ」と批判している。他の環境主義者たちも排出量の上限が柔軟すぎると批判している。強硬な保守主義者たちにさえ、ブッシュ代替案は新たに税金をかけられるみたいでたまらないと不満を表明する者が出ている。

海外の環境ＮＧＯ「グリーンピース」も、「ワシントンが今やその戦略の欠陥を点検すべきだ。石油産業を助けなければならないとほのめかしていたのだから。ブッシュ大統領が二〇〇一年三月に京都議定書の扉を乱暴に閉じたあと、この二月には（代替案は）ブッシュ＝エクソンの気候計画だと甚だ悪いジョークまで言われており、今度はアメリカが京都議定書に戻る番だ」とたしなめ、議定書への復帰を促した。

米連邦議会でも、ジェームズ・M・ジェフォーズ上院議員（環境・公共事業委員会委員長）が、他の主要火力発電所の汚染物質はもちろん、二酸化炭素排出量の大幅削減を義務化する法案を提出する準備を始めている。ジェフォーズ上院議員は「不運にも実質的な二酸化炭素削減は、今度の気候政策によって完全に交渉の席から除外されたようだ」と落胆の表情を隠さない。

実際の削減にならないブッシュ代替案の「温室効果ガス強度指数」

特に大統領が、この代替案で温室効果ガスを削減する基準として示した「温室効果ガスの強度」が、何を意味するのか「削減の意味」を混乱させ、アメリカが京都議定書と同じように実際に温室効果ガスを削減するような錯覚さえ与えている。

「温室効果ガスの強度」とは、温室効果ガスの排出量を国内総生産（ＧＤＰ）の成長率で割り算して表す指数である（以下、「温室効果ガス強度指数」という）。この計算によると、経済が停滞してＧＤＰが低下すれば、排出量の許容水準が増える。しかし、経済が成長してＧＤＰが上昇しても、排出量が増える可能性がある。先進工業国は現在、鉄鋼や化学など旧型の工業化社会からポスト工業化社会への移行過程にあり、情報知識やサービス、ハイテク産業が急成長を遂げつつある。ポスト工業化社会と旧型の工業化社会を比較した場合、GDPの同じ一ドル当たりの燃料消費量が異なる。つまり、ポスト工業化社会におけるGDP一ドル当たりの燃料消費量のほうが、旧来型の工業化社会より少なくて済む。だからアメリカでは、温室効果ガス強度指数の上では「削減」をもたらすことになると、ブッシュ大統領は皮算用しているのである。

しかし、大気中に放出される温室効果ガスの正味排出量は経済規模の拡大に伴い増加するため、正味排出量は同等量に維持されるか、増加すらする。この傾向は米エネルギー情報局のデータを見れば一目瞭然だ。実際に一九九〇年代に、アメリカの温室効果ガス強度指数は一七・四％低下したのに対し、逆に大気中への正味排出量のほうは一四％増加しているのである。大統領は今後一〇年間にこの温室効果ガス強度指数を一八％削減するとしたが、同期間にアメリカの実際の温室効果ガス排出量は三〇％以上も急増すると予測されているため、現実には大統領は代替案によって大幅な排出量の増加を許したことになる訳だ。

このような点から、ブッシュ政権の代替案に対する風当たりは強い。ロシアの『モスクワ・タイムズ』紙は、次のような興味深い批評をしている。「アメリカでは十九世紀に、工業化の加速により化石燃料の燃焼のほうが経済の拡大を急速に上回り、温室効果ガス強度指数は上昇した。それは一九一七年にピークに達して以来、年間平均約一・五％ずつ低下している。ブッシュ計画は、温室効果ガスの排出量と経済成長を切り離すことをほとんどしていない。温室効果ガス強度指数による削減では、総排出量の増加は止められない。ブッシュ計画は、京都議定書が発展途上国の参加を求めていないとの自らの批判に信頼のできる回答をしていない。ブッシュ計画は発展途上国全体に対し追加的な資金供与を申し出ているが、この総額は各国が京都議定書の枠内ですでに創出している基金計画の額よりはるかに少ない。」

米国務省は「ブッシュ代替案、海外で大きな失望」とコメント

一方、アメリカの国務省は、ブッシュ代替案の発表から一週間後に「ブッシュ気候提案、海外で大きな失望」と題する各国の新聞・雑誌の論調をまとめ公表した。米国務省は「大統領の新しい気候変動計画は、欧州、アジアおよび西半球の世論形成者たちの間では冷たいもてなしを受けた。論説は『クリア・スカイズ・イニシアチブ』を退屈で不十分だと断定したうえ、京都議定書の代替案というより、むしろアメリカの権益を保護するための策略と見なしている」とコメントし、ブッシュ代替案の評価が悪かったことを率直に認めた。ただ米国務省は、「保守系、中道右派系の新聞数紙が現実的な長期目標を提示した」とブッシュ代替案を賞賛したことも指摘している。さらに米国務省は「ブッシュ大統領がアジア歴訪の出発直前に行った発表のタイミングが疑念を招いた」とし、「ブッシュ政権が京都議定書の履行で非常に重要な役割を果たすと見られる日本を説得し、議定書にコミットした支持国から離脱させる試みである、と多くの論説が解釈している」と伝え、さらに「このトピックについて東京の報道機関が沈黙を守ったのが際立っていた」と付け加えている。

こうした内容の論評をしたのは、例えばカナダの『ナショナル・ポスト』紙だ。同紙は「日本政府がわが国の政府と同じような状況を混乱させるシグナルを発信した。日本政府が正式に京都議定書から逃げ出し、(温室効果ガス)強度指数の目標を設定しても別に驚かない。豪州がまた近く手を引いても驚かない。カナダ政

府は京都議定書に関する決定を下すのに立ち往生し、アメリカのすることを見守りたいと言っていていた。いま、アメリカが議定書を履行しないことが判った。カナダもきっと何もしないだろう」と論評している。

タイの『バンコク・ポスト』紙は、「(ブッシュ代替案は)サービスランチのようなものではないが、(熱帯雨林保存法に基づく協定の)付帯条件で、助成金を管理する基金管理理事会の代表をアメリカが務め、タイの生物多様性に関する貴重な情報、中でも特に米製薬業界の利益になる医学用植物の情報をアメリカが直接入手することを認めている」とタイ外務省の懸念を伝えている。

多国間での取り組みこそが温室効果ガスの削減に必要

イギリスの『ガーディアン』紙は、「ブッシュ代替案は京都議定書が求める温室効果ガスの排出量削減を意味していない」とし、そもそも『クリーン・スカイズ・イニシアチブ』は大統領がすでに言及している三つの工業排出物(二酸化硫黄、窒素酸化物、水銀)の削減義務化の繰り返しだが、今回は産業界による排出クレジットの購入を認めている。ブッシュ大統領は二〇〇一年にこの計画を公表した際、二〇〇〇年の大統領選のさなかに行った公約に背いて、二酸化炭素(CO_2)を排出量の制限リストから除外した」と痛いところを衝いている。その他、全米に拡大した二酸化硫黄(SO_2)、窒素酸化物(NO_X)、水銀といった三大有害汚染物質の「排出量削減取引」を二酸化炭素に適用していないこと、また、これら三大有害汚染物質の排出量削減をほとんど「自発的な協力」に任せ、果たして実効が上がるのかなど、疑問が指摘されている。環境NGO「全米環境トラスト」のフィリップ・クラップ会長は「自発的な削減は過去に失敗している。ブッシュ代替案は信頼に基づく別のイニシアチブのようだが、汚染者が突然（自発的な削減について）納得して実行すると信じる理由はない」と言っている。アメリカの『シカゴ・トリビューン』紙は、代替案を「ブッシュの京都化石計画」と皮肉り、「排出量の報告でさえ自発的では」と、取り組み方の緩やかさに首をかしげている。

一方、各国の反応には温度差がある。京都議定書では、先進国が温室効果ガスの排出量削減をしやすくするため、国際的な排出量（権）取引が認められている。今後、その排出量取引で、草刈場になりそうなロシア外務省は「われわれはこの分野の情勢について米政権と利害を分かつので、地球気候変動の防止を目的としたブッシュ・イニシアチブの研究に大いに興味を持っている。ロシアはこれら問題のあらゆる局面についてアメリカとの対話を継続し、協力を発展させることに関心がある」とブッシュ代替案を歓迎した。これに対し、温室効果ガスの削減でアメリカと正反対の立場をとる欧州連合（ＥＵ）の反応はそっけない。ＥＵの執行機関である欧州委員会のスポークスマン、ピーア・アーレンキルデ＝ハンセン女史が「気候変動について何かをする必要はあるが、多国間の取り組みこそがその恐るべき挑戦に臆せずに立ち向かう最善の方法である」とコメントするにとどまった。

限定的な被害をもたらす三大有害汚染物質はともかく、二酸化炭素をはじめとする温室効果ガスは、アメリカで排出したガス（気体）がアメリカ国内だけに留まらず、地球全体の大気に拡散して混ざり合い、大気中の温室効果ガスの濃度は、一部を除いて世界中だいたい等しくなる。しかし、アメリカの排出量の数万分の一以下、全世界で排出する総量の計測誤差の範囲程度しか排出していない小国（例えば島嶼国）にも、温暖化による気象災害の被害を等しく与える（実際の被害は甚大）という事実について、ブッシュ米大統領は本当にどう考えているのだろうか。まさかアメリカはハイテクを駆使して、アメリカ全体を巨大なドームで覆い、温室効果ガスを国外へ出さないと答えはしないだろう。

III

浪費経済を〝世界化〟し、温暖化をもたらしたのは誰だ？

1　転換を迫られるアメリカのエネルギー政策

現状の浪費経済を容認したままでは、実際の排出量削減は不可能

第Ⅱ部で、ブッシュ米大統領が国内経済へ受ける打撃、発展途上国の不参加、さらに米上院の決議、科学的な不確実性をたてに「京都議定書」を拒否した経緯と背景、さらにブッシュ大統領の「気候変動レビュー初期報告」、「クリア・スカイズ＆気候変動イニシアチブ」（京都議定書の代替案）などを検証した。そこからは、物質的な豊かさを追求し続けてきたアメリカが今後、現状の浪費経済とその基盤でもある温室効果ガスの現状の排出量を容認したまま、技術開発によって温室効果ガスの排出量を削減しようという〝技術信奉（至上）主義〟の姿勢が明確に汲み取れる。しかし、技術は決して万能ではないので、アメリカのやり方はいずれ破

綻を来たすに違いない。ブッシュ大統領の取り組み方を水道に譬えれば、蛇口を開けっ放しにして大量の水を放水したまま、節水を呼びかけるようなものだから、水道水の使用量は増えることはあっても決して減らない。京都議定書の離脱により、実際にアメリカの温室効果ガスの排出量は、ブッシュ大統領も認めているように二〇一二年には議定書の基準年である一九九〇年と比べ三〇％以上も増加してしまう。しかし、米国務省のハーラン・ワトソン上級交渉官は（気候問題担当）は、二〇〇二年三月に東京で、ブッシュ大統領の排出削減案は排出量を削減するのではなく、排出量の伸びを鈍らせるものであり、一〇年後（二〇一二年）にアメリカの排出量は一九九〇年と比べ三五・五％増えることを明らかにしている。

ブッシュ大統領は、途上国に対し今のままの排出量を認めているのは不公平だと指摘している。そういう言い方をすれば、またぞろ大国のアメリカが今のままの排出量を続けることこそ不公平なのだと反論を受けることになる。なぜなら、地球全体の気候に悪影響を与え、人類の運命さえ左右しかねない温室効果ガスをいちばん大量に排出しているのはアメリカだからである。それだからこそ「気候変動枠組み条約」と「京都議定書」は、「共通だが差異のある責任」に基づいて、温室効果ガスの削減を進めることを定めたのだ。地球温暖化を緩和するための努力は、あらゆる国の共通の責任であるが、先進国と途上国、あるいは排出量の規模によってそれぞれの国の責任が異なるとしているのである。まず先進国が率先して自国の排出量を削減してみせてから、途上国にも排出量の削減に参加してもらうのが、現在の浪費文明を築き、その恩恵を先に享受してきたアメリカをはじめ先進国の義務である。

こうして見ると、現状の浪費経済と温室効果ガスの排出を放置したまま、技術開発に依存する取り組み方では、温室効果ガスの排出量を実際に削減するのは難しいと言わざるを得ない。むしろ、実際の排出量削減が先にあって、技術開発による削減があとにあるべきであり、ブッシュ大統領のやり方とは正反対の取り組みをする必要がある。何よりも先に削減するという図式を骨格としてつくってから、それに許される範囲で手直しを加えるべきだ。例えば、まず一定の排出量削減を義務化し、浪費経済の構造改革を推進しながら、技術開発の進捗状況に照らし削減を図る柔軟なやり方だって可能である。それが初めから見通しのはっきりしない技術開発に依存し、実際の削減を後回しにすれば、京都議定書の第一削減期間（二〇〇八年から二〇一二年）の先進国による平均五・二％削減でさえおぼつかないし、そのあとの第二削減期間以降の削減はいっそう困難になる。世界の気候科学者たちは、地球温暖化を現在の水準に安定化させるにしても、温室効果ガスの排出量を一九九〇年と比べ六〇％から八〇％削減する必要があるとみており、第二削減期間以降は五・二％よりもっと大幅な削減目標を設定しなければならないのだ。

しかしブッシュ大統領は、京都議定書に基づくこのような地球規模の懸念については関心がないようである。大統領は二〇〇一年三月に京都議定書に正式に反対する発表をしたあと、同年五月一七日に「国家エネルギー政策」を発表し、浪費経済を支える大前提であるアメリカのエネルギー基盤を、供給サイドから大幅に強化することに乗り出した。国家エネルギー政策は、二〇〇一年にアメリカは一九七〇年代の産油国による石油禁輸以来、最も深刻なエネルギー不足に直面していると強調している。その影響はすでに全国規模で現れているとして、多くの家庭でエネルギー代が一年前と比べ二倍から三倍に増えたこと、数百万世帯が停電や電圧低下への対応を迫られたこと、エネルギー価格の上昇分を吸収するため、雇用者による労働者のレイオフ（一時解雇）や生産削減が起きていること、ガソリン代が値上がりしていることを指摘した。

カリフォルニアの電力危機とエンロン

これらの問題を最も深刻に体験したのはカリフォルニア州である。同州は一九九〇年代には発電容量が余っていた。この一〇年間には経済の急成長と人口の急増に伴い、エネルギー需要も増大したにも拘わらず、同州は新たに大型の火力発電所を一つも建設しなかったため、電力の需給バランスが崩れた。この需給の不均衡状態はアメリカ全体の根本的なエネルギー危機の構造を形づくっている。アメリカのエネルギー生産が今後、一九九〇年代と同じ割合で増加する場合、予測されるエネルギー需要は生産水準をはるかに凌駕する。この需給の不均衡状態が続くと、アメリカ経済、引いては国民の生活水準、国家安全保障を損なうことは避けられない、と国家エネルギー政策は警告している。

国家エネルギー政策によると、カリフォルニア州の夏のピーク時における電力需要は、一九九五年以来、少なくとも五五〇〇メガワット（一メガワットは一〇〇〇キロワット）にまで増大したが、同州の発電は需要に対応できなかった。電力会社は一九九七年以来、カリフォルニア州で一万四〇〇〇メガワットを供給するための新発電所の建設を申請していた。新電力の不足に加え、同州中部で重大な送電障害が発生し、緊急時に南部の電力を北部へ送電することができなくなった。さらに二〇〇一年に、降雨量不足による水力発電量の減少、発電所の頻繁な故障、カリフォルニア州の公益企業の財政問題が、需給の不均衡状態を悪化させた。その結果、カリフォルニア州の供給問題は危機に変わり、家庭と企業の電気代を引き上げ、停電を引き起こした。西部地区の高圧送電線の相互連結により、カリフォルニアの電力危機はアメリカ西部全体の電気代を引き上げることにもなった。

しかし、カリフォルニア州の電力危機と西部地域の電気代の値上がりは、ブッシュ大統領の国家エネルギー政策が指摘するように、発電所建設の立ち遅れや電力の需給バランスの崩壊にだけに原因があるのではなかった。アメリカで七番目の売上高を誇った大企業であるエネルギー総合会社「エンロン」の倒産によって、アメリカのエネルギー政策をめぐる醜悪な部分が一挙に噴き出したからだ。エンロンは、二〇〇一年十二月、連邦破産法十一条に基づく会社更生続きの適用を申請した。その負債額は判明しただけでも約四〇〇億ドル(五兆二〇〇〇億円)にのぼり、アメリカで史上最大の倒産となった。

エンロンは、一九八五年にテキサス州のヒューストン天然ガス社とインターノース社が合併して電力分野に進出した企業で、電力の自由化に伴い急速に業績を拡大した。エンロン倒産の原因は、資金調達のために設立した特別目的会社によるデリバティブ(金融派生商品)などへの投資に失敗し、巨額の損失を出したことに端を発する。だが、米連邦エネルギー規制委員会(FERC)や上下両院の委員会、公聴会などの追及により、エンロンがカリフォルニア州の電力危機に関与し、電気卸売り料金の価格操作を意図的にしていた事実が内部資料から明るみにでた。カリフォルニア州では二〇〇〇年春から電力の卸売り価格が高騰し、電力不足から二〇〇一年一月から約四〇回を数える計画停電や大停電に追い込まれる緊急事態となった。

電力の卸売り料金の高騰に対処するため、カリフォルニア州は州内の電力取引に上限価格を設け、取引を

アメリカが開発した最新の石油掘削技術

旧式の垂直掘削方式（左上部）は、1本の油井から垂直にしか掘削できなかった。最新の掘削技術は、（下図のように）一つの掘削サイトから水平方向やいろんな方向へ掘削し、小規模の油層からも原油の汲み上げが出来るので、環境破壊を緩和できるという。アラスカのアルパイン原野の石油掘削にこの技術が使用される。

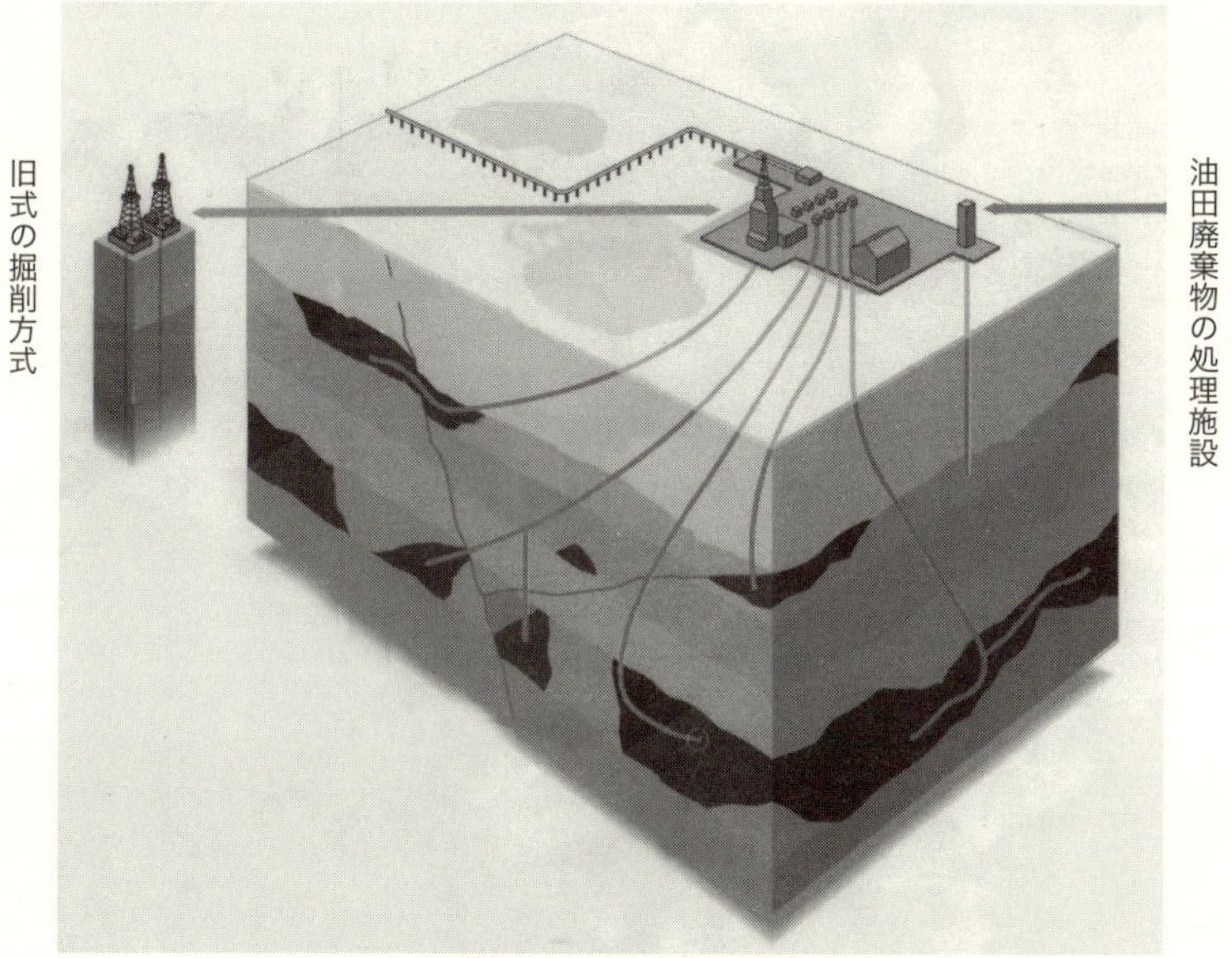

石油掘削サイトの面積と地下の掘削範囲の比較

（注）1エーカーは4047㎡、1マイルは1.6㎞

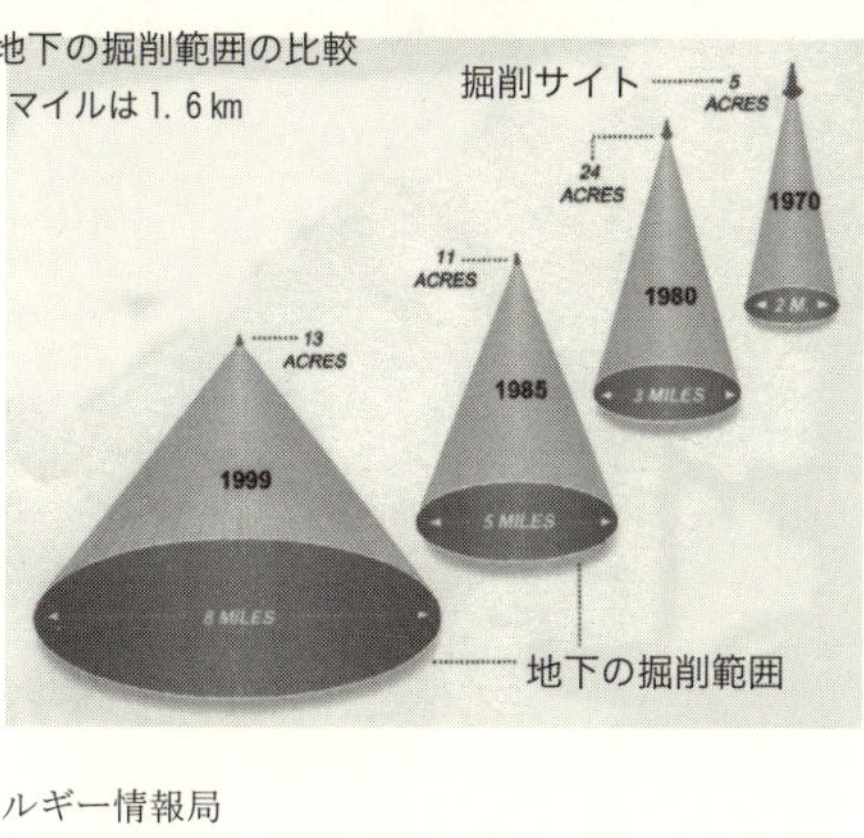

（出所）米エネルギー省／エネルギー情報局

規制した。しかし、州外から送電される電力は適用外だったため、州外の電力卸売り価格は、州内の価格の約五倍に跳ね上がった。エンロンはここに目をつけ、カリフォルニア州内で入手した電力をいったん州外へ送り、転売した上で買い戻し、再び州内に送電して高値で売っていたというのである。またカリフォルニア州は、州南部における夏場の電力消費量の増大に備え、州内の他地域向けの電力を南部に融通させるため、電力サービス企業に過剰解消料を支払う制度を設けた。エンロンはこれも操作して過剰解消料をせしめていたという疑惑が持たれている。こうしたエンロンの電力不正取引に、カリフォルニア州北部のサンタクララ、パロアルトなど都市部の二三公益事業体に電力を供給する北カリフォルニア電力機関（ＮＣＰＡ）などが加担していた事実も明るみに出ている。

エンロンは、日本でも青森、愛媛、山口、福岡の四県で発電所建設などの事業を計画していた。日本では二〇〇〇年から電力の部分的な自由化が実施されている。これは大規模の電力を消費する工場やビルなどに、新規参入を含め電力会社が自由に電気を売れる制度だ。アメリカのように、発電と送電を分離できるのか、送電線利用料の負担、電力取引所の参加方式などをめぐり、経済産業省と電力会社の間で現在せめぎあいが続いている。エンロンの経営破綻は日本の全面電力自由化にも影響を与えている。

エンロンのこうした電力不正取引に伴う簿外債務や不正会計処理について、アメリカの大手会計監査事務所「アーサー・アンダーセン」が見逃していた事実も明らかになり、厳正さを旨とするアメリカの会計制度の基盤も揺らいでいる。二〇〇二年六月には、米証券取引委員会（ＳＥＣ）が、今度はアメリカの大手通信会社「ワールドコム」を三八億五二〇〇万ドル（約四七〇〇億円）に及ぶ不正会計処理をしていたとして連邦地裁に提訴した。この会計監査を担当したのもアンダーセン会計事務所なのだ。エンロンのレイ会長はテキサス州を本拠にし、同州知事でもあったブッシュ大統領とは友人同士であり、二〇〇〇年の大統領選でレイ会長が個人では最大の献金者でもあった。レイ会長はチェイニー副大統領の主宰する「エネルギー政策チーム」にも参加している。同副大統領は、すでに米議会の調査機関である会計検査院からエンロンに関する資料を提出するよう連邦地裁に提訴されている。こうした巨大エネルギー会社とブッシュ政権との癒着の構造を垣間見せながら、ひたすら利益と効率を追求し続けるアメリカの投機経済は、疲労の色を濃くしている。

このカリフォルニア州の電力危機について、国家エネルギー政策は、不運なことだが長期的な怠慢に対応する短期的な解決策はないとサジを投げている。新しい火力発電所と送電施設の用地を取得し、認可を得て建設するには数年を要する。連邦政府の認可を簡素化したにもかかわらず、発電容量を二〇〇一年七月までに五〇〇〇メガワット増加させるというカリフォルニア州の努力は間に合わないとし、二〇〇〇メガワット以下しか期待できないとしている。同州の当局者は、電力危機は今後数年続くかもしれないと言っている。

大統領はカリフォルニア州で発生した大停電の影響に深い懸念を表明したあと、アメリカのエネルギー需要を満たすため国家計画を策定したと発表した。この国家エネルギー政策は、エネルギーの供給面を重視しているのが特徴であり、①米国内における新油田の開発②石炭のクリーン技術化③原子力発電所の増設④送電網の改革⑤代替エネルギーの開発から構成されている。

アメリカの石油消費量は今後二〇年間に三三%上昇も

アメリカのエネルギー情勢は、今後二〇年間にかなり厳しい事態が予測されている。国家エネルギー政策は、今後二〇年間に現在と比べ石油消費量が三三%、天然ガス消費量が五〇%以上、電力需要量が四五%増大すると見積もっている。さらに国家エネルギー政策は、技術の驚くべき進歩により、エネルギーの開発と生産の形態が変質し、アメリカの現在の石油生産量は一九七〇年より三九%低下し、外国からの供給への依存度が増し、現在の推移で行けば、アメリカは二〇年後には石油の三バレル当たり二バレル(一バレルは一五九リットル)を輸入することになると警鐘を鳴らしている。しかし、この対外依存度の増大は必ずしもアメリカの権益を損なうことにはならないとも述べている。天然ガスは、現在の生産の割合を需要がはるかに上回るため、技術の進歩を考慮に入れない法的規制は再検討して増産に乗り出すべきだとしている。電力の供給についても、今後二〇年間に見込まれる電力需要を満たすため、天然ガス発電所を中心に新規発電所を一三〇〇から一九〇〇か所建設する必要があるとし、発電所の大幅な増設が急務なことを指摘している。原子力発電は現在、アメリカの電力の二〇%を賄っている。現存の新技術により、原子力発電の拡大が可能なことを挙げ、原発の増設を示唆している。

量の削減ではない点を改めて注意しておく必要がある。

国家エネルギー政策では、アメリカ経済のエネルギー強度指数を、ＧＤＰ一ドル当たりの生産に使用するエネルギー量で測定している。現在ＧＤＰ一ドル当たりの生産に必要なエネルギーは、一九七〇年当時にＧＤＰ一ドル当たりの生産に必要としたエネルギーの約五六％に過ぎないとしている。アメリカのエネルギー強度指数の低下は、一九九九年から二〇〇〇年にかけて加速された。この時期は非エネルギー集約型産業が急成長した時期である。エネルギー強度指数は、二〇二〇年までに引き続き年間平均一・六％ずつ低下すると予測されている。この低下率は、エネルギー高価格時代の一九七〇年代と、低エネルギー集約型産業へ転換する一九八〇年代初期の低下率と比べ緩やかである。しかし、二〇二〇年までの低下率は、一九八〇年代後半および一九九〇年代の年間平均低下率と比べると、速度が急ピッチだという。

地域間の送電強化とエネルギー源の多角化、石炭と原子力に着目

第二のエネルギー・インフラストラクチャー（経済社会基盤）の現代化では、発電施設、送電線、パイプライン、精製などの全国ネットワーク・システムが劣化しているとして、過剰で重複した政府規制の緩和・撤廃を求めている。米国内のほとんどの送電線、変電所、変圧所は、公益企業が厳しい規制下で建設したもので、指定地域内でしかサービスを提供できないようになっている。停電の発生を減らすため、各地域間の送電力を大幅に強化し、必要な地域に発電所から送電を可能にするべきだとしている。信頼できる全国規模の高圧

国家エネルギー政策の五大重点政策とエネルギー強度指数

このようなエネルギー問題に対処するため、ブッシュ政権は、長期的で包括的な戦略、環境にやさしい新技術の開発、国民の生活水準の向上といった三つの原則に基づき、①エネルギー節約の現代化②エネルギー・インフラストラクチャー（経済社会基盤）の現代化③エネルギー供給量の増大④環境保護と改善の増進⑤国家エネルギー安全保障の強化――という五つの重点政策を実施するとしている。ブッシュ政権が新技術の開発に依存するのは、過去三〇年間にエネルギー効率の向上で著しい成果を上げたという自負がある。

第一のエネルギー節約の現代化で、エネルギー効率の向上を挙げ、現在の自動車のガソリン使用量が一九七二年当時の六〇％にまで低下し、また新型冷蔵庫の電気使用量が三〇年前と比べ三分の一に低下したことを指摘している。エネルギー効率の向上によって、アメリカ経済は一九七三年以来、一二六％成長したのに対し、エネルギー消費量は三〇％増加したに過ぎず、また一九九〇年代に製造業の生産高が四一％増加したのに対し、産業界の電気消費量は一一％増加したに過ぎないと自負している。このように新技術によってエネルギー効率を改善すれば、エネルギー消費量の抑制が可能なのだという自負が、ブッシュ大統領の打ち出した京都議定書の代替案（「クリア・スカイズ＆気候変動イニシアチブ」）の拠り所となっているのである。代替案では国内総生産（ＧＤＰ）という分母で温室効果ガスの排出量という分子を割り算して削減値（温室効果ガス強度指数）を算出しているが、これはあくまで相対的な量の削減であって、総排出量を実際に削減するという絶対送電線網を構築するため、送電線用地の取得認可などを勧告している。同様の認可はすでに天然ガスのパイプラインとハイウエーの建設では実施されている。

第三のエネルギー供給量の増大では、現在のエネルギー危機の一因が外国の石油と狭い範囲のエネルギー源の選択に依存し過ぎている点にあるとして、エネルギー供給源を多角化（石油、天然ガス、石炭、水力、原子力および再生可能エネルギー）する必要のあることを強調している。狭い範囲のエネルギー源の選択については、現在建設中である発電所の約九〇％が天然ガスを燃やして発電する火力発電所である点に注目し、一つの燃料源に過剰に依存することは、価格の乱高下や供給の中断など消費者を無防備な状態に置くため、いくつかの他のエネルギー源を組み合わせることが必要なことを指摘している。

他のエネルギー源の最も重要な候補として、石炭と原子力を挙げている。アメリカは現在、今後約二五〇年間、採掘可能な石炭資源を保有している。だが、現在建設中の石炭火力発電所はほとんどなく、クリーン石炭技術の研究により、新世代火力発電所のエネルギー源として石炭に着目している（別図「アメリカのエネルギー生産量」を参照）。また現在アメリカの全電力の五分の一を賄う原子力発電所は、北東部、南部、中西部の一〇州では発電量の四〇％以上を供給している。しかし、原発の数は今後、旧型原発の閉鎖あるいは新規建設がないため減少するとしている。

原子力発電の燃料に使うウランから核分裂物質のプルトニウムが生まれる。このプルトニウムをウランと混ぜ混合酸化物（ＭＯＸ）に加工し、原発の燃料として再利用する計画を「プルサーマル計画」という。プルトニウムは核兵器にも使われている。アメリカは、ロシアとの合意に基づき核兵器の解体から回収するプルトニウム（三四トン）を、ＭＯＸに加工して軽水炉型の原発の燃料に使う予定だ。

目覚ましい技術の進歩により、石油と天然ガスの開発と生産がより効率よく、より環境にやさしく可能になった。例えば、より少ない油田の掘削装置で正確に掘り、より大量の石油資源を汲み出し、環境にやさしい開発が可能となった。掘削台は一世代前と比べ八〇％も小型化し、ハイテクの掘削により、一つの小型掘削サイトから八キロから一〇キロ離れた油層からの採掘を可能にし、傷つきやすい湿地帯や野生生物の棲み家を保護することが可能だという。だが、現在の法規体系はこれらの技術の目覚ましい発達を十分に考慮に

アメリカのエネルギー生産量（1970〜2000年）

石炭はアメリカの最も豊富なエネルギー源で、2000年の生産量は10億トンを超す。電力の90％は石炭を燃やして発電。

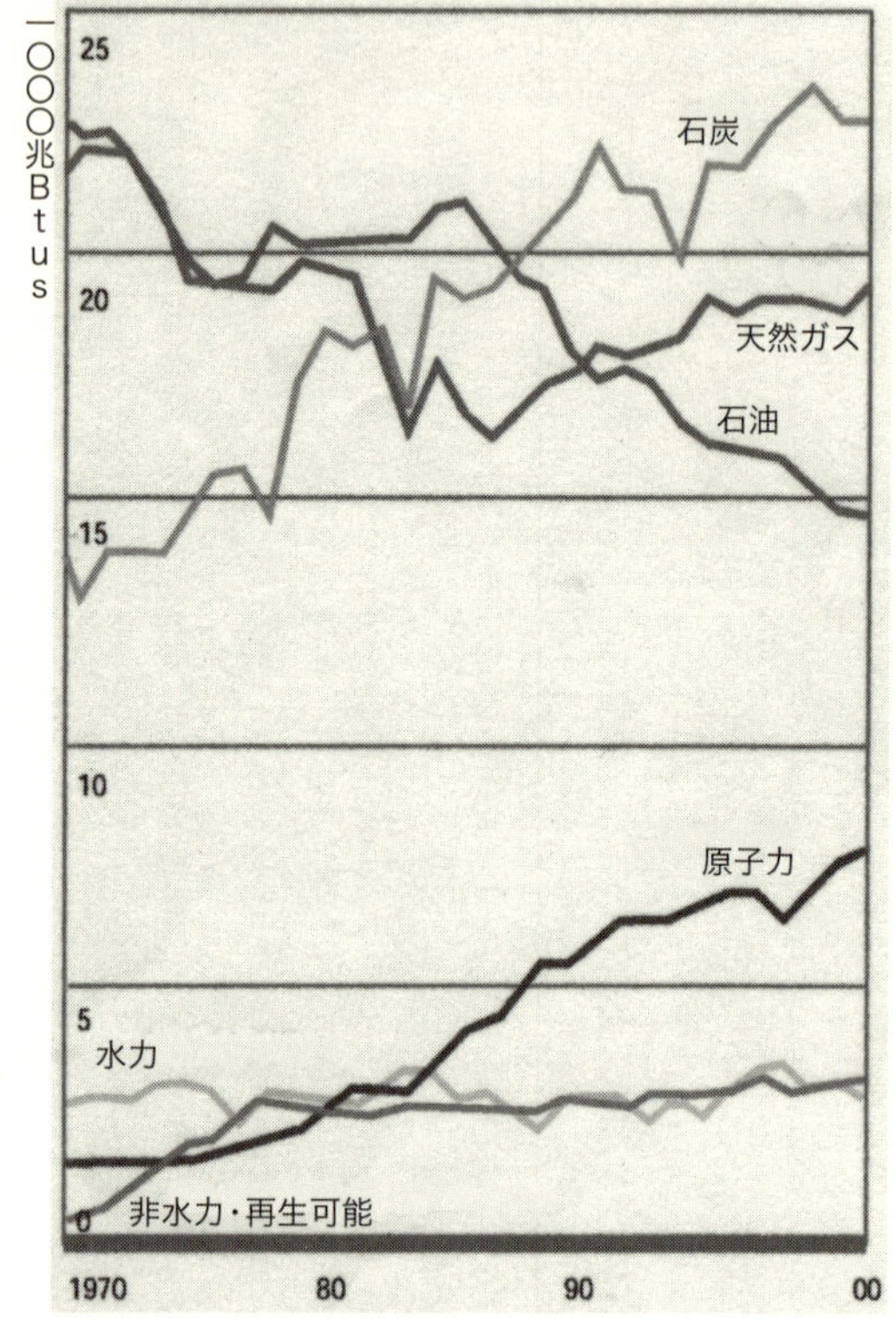

（出所）米エネルギー省／エネルギー情報局

入れておらず、多くの既知の資源から環境を損なわないで行える生産を過剰に規制しているとしている。

このため、国家エネルギー政策は（a）大統領命令を発令し、連邦政府のすべての機関に対し、エネルギー供給に重大かつ不利な影響を及ぼす可能性のある規制措置への介入を指示する（b）北極圏地方の野生生物保護地区（ANWR）のごく一部を、環境面で規制した探査と生産に開放すると共に、他の国有地における石油、天然ガスの開発強化の可能性について検討する（c）ANWRの環境保全にかかわる鉱区リース使用料から一二億ドル（約一五六〇億円）を取り分け、風力、太陽光、バイオマス、地熱など代替・再生可能エネルギーの研究に融資する（d）クリーン石炭技術の研究と、バイオマス・石炭の併用燃焼から発電される電力向けの新借款として、今後一〇年間に計二〇億ドル（約二六〇〇億円）を融資する（e）発電用のメタンを採取するごみ処理埋立地、風力やバイオマスから生産される電力に対し、現行の代替燃料税インセンティブの適用を拡大するための法律を制定する（f）放射性廃棄物の貯蔵所を建設し、原発建設の認可手続きを簡素化して、原子力エネルギーの安全な拡大を図る――六点を勧告している。この第三点では、新規のエネルギー源開発のため、ついに聖域だったアラスカの野生生物保護区にまで手をつけざるを得なくなったアメリカのジレンマがうかがわれる。

メキシコ、カナダとの高圧送電線網の連結も計画

第四の環境の保護と改善の増進では、一九七〇年以来、重要な大気汚染物質の排出量は全体で三一％低下

したとし、特に自動車から排出される一酸化炭素（CO）は八五％、鉛は九〇％それぞれ低下した、と自負している。その上で、環境を害する要因の一つは、包括的で長期的な国家エネルギー政策が全く欠如していることにあるとし、発電容量の不足と近視眼的な政策が新規のよりクリーンな発電所の建設を妨げ、旧式で非効率の発電所に頼る以外、他に需要を満たす選択肢を失ってしまった、と強調している。その好例として、ディーゼルのような緊急発電装置の使用増加が大気汚染の悪化を招いたと指摘している。そして国家エネルギー政策は、（a）火力発電所から排出される二酸化硫黄（SO_2）、窒素酸化物（NO_x）、水銀を大幅に削減するため、市場に基づく柔軟なプログラムを構築するための「多角的汚染物質法」の制定（b）クリーンな環境の創出とエネルギー効率の向上を図るための環境にやさしい技術の輸出増大（c）「鉱区リース使用料保全基金」の創設およびANWRにおける新規のクリーンな石油、ガス探査から鉱区リース使用料を取り分け、土地の保存努力に対して融資する（d）トラックの停車時におけるアイドリングの排出量を削減するための新ガイドラインの履行――を勧告している。

第五のエネルギー安全保障の強化では、エネルギーの価格と供給が抱える不安定性を減らすため、対外依存度を減らす一方で、通商および外交政策を優先し、海外のエネルギー供給者との信頼関係の回復、西半球のエネルギー生産国との強力な関係の構築に努めるとしている。また国内的には、緊急事態時の供給に備えると共に、供給の中断や価格の乱高下、異常気象時に最も無防備な低所得層への支援を図るとしている。西半球での関係強化では、メキシコ、カナダと認可手続きを簡素化・迅速化することにより、国境を越えたエネルギー投資、石油・ガスのパイプライン、高圧送電線網の連結を拡大・促進するため、北米エネルギー枠組み構想の支援を勧告している。またエネルギー省の対気候支援プログラムの予算を倍増し、今後一〇年間に一四億ドル（約一八二〇億円）を支出するよう勧告している。

米国民には国家エネルギー政策を支持しない人のほうが多い

国家エネルギー政策をアメリカの国民はどう受け止めているのだろうか。国家エネルギー政策の発表された直後の二〇〇一年五月末から七月末にかけて、『ワシントン・ポスト』紙とＡＢＣニュースが共同で二回にわたり実施した世論調査に、同紙が民主党支持系の新聞だとしても、アメリカ国民のエネルギー問題に関する考え方の一端をうかがうことができる。この世論調査は、全米の成人合わせて二三五六人（二回の合計）を対象に、同じ二つの質問について無作為抽出で電話により行われた。まず一回目の世論調査（五月三十一日から四日間に一〇〇四人に実施）で、「ブッシュ大統領のエネルギー情勢に対する対処の仕方に賛成か不賛成か」との質問に、賛成三七％、不賛成五八％、分からない五％で、支持しない人のほうが二一ポイントも多かった。また「エネルギー情勢に対処するため、良い仕事をすると信頼がおけるのは、ブッシュ大統領か議会の民主党か」との質問に対し、ブッシュ氏と答えた人が三六％、議会の民主党と答えた人が五二％で、議会の民主党のほうが一六％も多かった（他に両者一％、どちらもだめ五％、分からない六％）。

次の二回目の世論調査（七月二十六日から五日間に一三五二人に実施）では、ブッシュ大統領によるエネルギー情勢の対処の仕方については、賛成四三％、不賛成五三％、分からない四％で、不賛成のほうが相変わらず多く一〇ポイント上回った。また、エネルギー情勢の対処に当たり信頼するのはブッシュ大統領か議会の民主党かと質問に対し、ブッシュ氏と答えた人が四一％、議会の民主党が四九％と一回目より差が縮まったものの、相変わらず不支持のほうが多い（他に両者が一％、どちらもだめ六％、分からない三％だった）。

北極圏地方の野生生物保護地区での石油、天然ガスの増産

国家エネルギー政策でブッシュ大統領は、五大重点政策の三番目に「エネルギー供給量の増大」を掲げ、議会に対し、国有地内にある「北極圏地方の野生生物保護地区（ＡＮＷＲ）」の一部を開放し、石油、天然ガスの国内増産を認めるよう求め、ゲール・ノートン内務長官に対し法律上の調査を命じた。ブッシュ大統領はアメリカの増大する外国石油への依存度を引き下げるため、一九〇〇万エーカー（一エーカーは四〇四七平方メートル）に及ぶＡＮＷＲの一部を開発する必要があると主張している。アメリカの石油、天然ガス、石炭、オイルシェールなどの主要鉱物資源の開発は、「鉱業リース法」（一九二〇年制定）によって、内務長官が鉱物深鉱許可およびリース（借地権）を許認可できる権限を持っている。

ＡＮＷＲの石油採掘への開放は、アメリカのエネルギー政策に二つの重要な問題を提起している。第一はＡＮＷＲの石油生産量によって国内供給量を賄い、外国への依存をなくせるかという国益と安全保障の問題である。第二は覇権国家としてアメリカが世界の石油市場に果たす責任である。現実の問題として、ＡＮＷＲから採掘される石油の予測生産量は、アメリカの需要を満たし、世界の石油市場に依存しないで済むほど

十分な量ではないとされている。たとえアメリカ自身にはそれが可能だとしても、日本をはじめアメリカの同盟国は石油の輸入依存度が高いため、世界的な石油供給の自由な流れを維持するというアメリカのコミットメントを継続する必要がある。だから、アメリカは自国の国益や安全保障と世界の石油市場との密接な関係を切り離すことはもはや不可能なのである。さらに、アメリカの安全保障に関する限り、石油の豊富な時期は地下の埋蔵石油を温存しておいて、将来需給が深刻になった場合にそれを利用するほうが国益にかなっているという指摘もなされている。

いずれにしても、ANWRの潜在的な生産量は、米国内でガソリン代の高騰からの救済を求める人々への回答にもならないし、まして世界の石油価格を安定化させるには決して十分ではない。だとすれば、アラスカの地下に眠る豊富な天然ガスを活用したほうが国内的には得策だという指摘も出ている。新規のパイプライン一本を南へ向けて敷設すれば、ANWRの内部を通過しないで済み、一挙両得だというのだ。

ブッシュ大統領は、技術改良により環境に著しい損害を与えることなく石油の掘削が可能だと主張している。しかし、小さい足跡でもそこにつけてしまえば、やはり足跡は足跡だ。石油の探査・開発と生産は、アラスカの沿岸の平地、つまり最も生物学的に生産性に富んだ一九〇〇万エーカーにのぼるANWRを、これまでとは異なった環境に一変させてしまうに違いない。ANWRにかなりの規模の石油が埋蔵されているとしても、より多くの供給量を確保しようとアメリカが懸命に探し求める最後の石油埋蔵地となるのは間違いないのである。

アメリカの連邦政府は実に〝巨大地主〟でもあり、国土の約三分の一を公有地として所有している。この広大な公有地はインドの面積に相当する七億四〇〇〇万エーカー以上に及び、うち約半分はアラスカに存在している。連邦政府の所有地は西部諸州にも多く、ネバダ州の九〇%を筆頭に、平均五〇%にのぼっている。こうした公有地から全米の商業林の約二〇%、石油・天然ガスの六%（これとは別に沿岸の油田・ガス田から一二%）が生産されているだけでなく、石炭、銅、ニッケルなど多くの鉱物資源も採掘され、アメリカ経済を足元で支える重要な基盤となっている。また、沖合いの大陸棚ではすでに四四〇〇万エーカーがリースされ、石油会社が石油採掘に当たっている。

アラスカにおける自然環境保護派と開発業者との対立も深刻であり、一九七〇年までは開発業者側が優位に立っていたが、一九七〇年代には自然環境保護派が優位に立った。アラスカでは一九七〇年代までに一億八〇〇〇万エーカーにのぼる公有地がすでに国有林や国立公園に指定されていた。連邦議会は一九八〇年、新たに約三〇〇〇万エーカーの公有地を国立公園に加えた。

しかし、一九八〇年代のレーガン政権（一九八一年〜八九年）は開発政策を強力に奨励し、一九八七年にＡＮＷＲにおける石油資源の探査をするよう初めての勧告さえ行った。だが、レーガン政権の開発推進政策は連邦議会の反対に遭い、新法はほとんど成立しなかった。皮肉なことに、レーガン政権のＡＮＷＲに関する初勧告以来、世界の石油の可採埋蔵量は増え続けており、石油が枯渇性の資源であるにせよ、現在、枯渇の危険性がとくに切迫しているわけではない。クリントン前政権（一九九三年から二〇〇一年）はアラスカの国有石油埋蔵地帯の一部を資源探査に開放し、政権末期の二年間に一三三件のリースを許可した。ブッシュ現政権の国家エネルギー政策は、さらにこの地域の利用を拡大したものだ。

今後、アメリカの人口が増え続け、開発の動きが米国内中に広がれば広がるほど、野生生物の棲み家の保存がますます重要になる。それにもかかわらず、ブッシュ政権は石油に対する欲望を抑制する努力には手を着けようとしていない。乗用車と小型トラックの平均燃費は一九八〇年以来、最低水準に留まっている。米国民一人当たりの石油消費量は、一九九〇年代の石油価格の安い時代に増加し、二酸化炭素（CO_2）の排出量増加も留まるところを知らない。石油増産のために野生生物保護地区をはじめ、自然環境資産を探査し開発すればするほど、旧態依然とした社会の浪費習慣へ石油を注ぎ込むという悪循環を助長することになる。ＡＮＷＲの探査・開発に着手すれば、〝アメリカ型浪費文明〟を変革する上で死活的に重要な転換期の最初の一歩を踏み外すことになりかねないのである。

2 巨大浪費国・アメリカ

アメリカの浪費経済を検証する

アメリカの浪費経済について考察する場合、まず、エネルギーを大量消費するようになった人類の歴史を振り返り、私たち人類が築き上げた文明について謙虚に考え直してみる必要がある。ブッシュ大統領は技術至上主義を肯定し、新技術の開発によって地球温暖化が緩和できるような錯覚を抱かせる。確かに、携帯電話やインターネットなど、私たちは現在、ハイテクを駆使して技術文明をエンジョイして悦に入っている。ところが、私たち人類は約五〇〇万年前に誕生してから、実にその九九・九％の時間は、道具として石を、つまり石器を使用していた時代だったと知ると、意外に思う人が多いかもしれない。人間と動物の違いを分類する根拠の一つに、道具（技術）と燃料（エネルギー）の使用が挙げられる。しかし、よく観察してみると、チンパンジーだって石を道具に使うから、道具に関しては人間がどんなハイテク装置を使おうと、余り自慢にならない。私たち人類は、石器を道具に使い、狩猟や漁労をしながら移動生活を営んでいたが、約九〇〇〇年前に農耕・牧畜を覚え、定住を始めた。そして約五五〇〇年前に青銅器を道具に使うようになり、約三五〇〇年前に鉄器が登場して、ようやく石器時代に別れを告げる時代となった。悠久とした人類の歴史から見れば、金属器を使う時代、特に現在の情報技術（IT）時代などは、ほんの一瞬の出来事にしか過ぎないのである。

私たちの使う道具が、人類の歩んだ歴史のほとんどの期間、石器中心だったのに対し、燃料（エネルギー）のほうはほとんどの期間、森林を伐採して薪や炭を使ってきたのである。人類が火を使った痕跡は、六〇万年前から二〇万年前の原人時代（ジャワ原人や北京原人など）の遺跡から見つかっている。それ以来、薪や炭を使う時代は、道具が鉄器に変わってからもずっと長く続き、近世に入っても薪炭が主要エネルギー源だった。私たち人類は火を使い始めてから、薪炭に依存し続けてきたと言える。ところが、十八世紀後半にイギリスで綿工業から興った産業革命が、石炭、鉄鋼、鉄道産業へと広がり、イギリスを「世界の工場」と呼ばれる世界一の工業大国に押し上げた。イギリスの産業革命は十九世紀にベルギー、フランス、ドイツなど欧州諸国へ波及し、アメリカへと拡大する。産業革命以降、世界の主要エネルギー源は薪炭から石炭に替わり、さらに二十世紀に石油、天然ガスといった効率の良い化石燃料へと移行して行く。

世界のエネルギー消費量は、人口の急増に伴い増え続けてきた。その人口急増は農耕・牧畜の開始と定住によって引き金が引かれ、エネルギー消費量の増大と相乗作用を起こして、人口も激増したのである。世界の人口は約七〇〇〇年前（旧石器時代）には五〇〇万人程度だったと推定されている。ところが、西暦元年には二億人から四億人に増え、産業革命直前の一七五〇年には六億二九〇〇万人から九億六一〇〇万人に急増し、そして二〇〇一年現在、実に六一億人に激増したのである。

エネルギー消費量と人口急増の相関関係はアメリカも例外ではなく、世界の推移と同じ道をたどった。アメリカの人口は一七〇〇年にはわずか一〇〇万人程度だったが、一八〇〇年には六倍に急増し、そして二〇〇一年現在二億八〇〇〇万人に激増している。アメリカの産業革命は、十九世紀の一八四〇年代からやはり綿工業を中心に始まった。南北戦争（一八六一年から六五年）で北部が勝ち、南部の黒人奴隷が解放され、自由主義とナショナリズムが根づいた。アメリカは保護関税主義の下に、国内産業の保護・育成を図り、「フロンティア精神」を合言葉に西部の急速な開発を進め、国内に統一的な大市場を形成した。その結果、産業革命が確実に進展し、アメリカは十九世紀末に農業国から工業国へと一大転換を遂げ、イギリスやドイツを追い抜いて、世界一の工業大国へと躍進した。そのアメリカの主要エネルギー源は、南北戦争までは薪炭だったが、その後、産業革命の展開に伴い石炭に替わり、さらに石油・天然ガスへと移行した。アメリカ経済の構造基盤が新しいエネルギー源へと移り変わる交代周期は約四〇年とされている。

アメリカ経済の究極目標は、より多くの消費物資の生産にあると宣言

今日の先進国における消費者社会をリードし築いたのは、二十世紀のアメリカである。世界恐慌（一九二九

年）と第二次世界大戦（一九三九年から四五年）によって、消費者社会への移行は一時中断されたが、第二次大戦が終結するや否や、アメリカの大衆消費社会はいち早く成熟期を迎えた。アメリカの若い世代の家庭は一九四六年から五〇年までに、一日当たり四〇〇〇戸の住宅を新築し、テレビ、冷蔵庫、洗濯機をはじめ、衣料乾燥機、皿洗い機、乳母車などを競って新居に整えた。これにトースター、冷凍食品、缶入りベビーフードなどが加わった。国土が焦土と化した日本は、ちょうど昭和二十年代前半の復興期で、まだその日の食べ物にも困っていた時代である。日本では高度成長期にテレビ・冷蔵庫・洗濯機が〃三種の神器〃と呼ばれ、これら三つの電化製品が日本の家庭に普及するのは、アメリカの普及期から一五年から二〇年も経った一九六〇年代後半になってからだ。

「アメリカ経済の究極の目標は、より多くの消費者物資を生産することにある」。一九五三年、アイゼンハワー大統領の経済諮問会議の議長は、高らかにこう宣言した。その後の世代はこの目標を忠実に追求し続けたのである。当時と今日と比べると、アメリカの平均的な家庭では、自家用車の保有台数が二倍以上に、プラスチックの使用量が二一倍に、航空機による移動距離が二五倍に急増している。アメリカの家庭の常備品はその後エアコンに替わり、一九八七年までに三分の二の家庭に普及し、電力の一三％を消費するに到った。さらに電子オーブン、ビデオカセット・レコーダーも、一九八〇年代半ばにやはり六七％の家庭に普及している。

世界を席巻するアメリカの大衆消費社会と使い捨て経済

アメリカの消費社会は、一九六〇年代にフランス、ドイツ（旧西ドイツ）、イギリスなど西欧諸国や日本へも波及し、今日ではディズニーランド（レジャー施設）、コカコーラ（ソフトドリンク）、マクドナルド（ファーストフード）が、アメリカを象徴する〝代名詞〟として定着している。西欧諸国では、一九八〇年代に一人当たりの加工冷凍食品の消費量が倍増し、八〇年代半ばにソフトドリンクの消費量が三〇%増え、さらに八八年には自動車の保有台数が世帯数を上回った。日本の消費社会への移行は西欧諸国より遅かったが急激にその差を縮め、一九五〇年代と比べ今日では、エネルギーの使用量が五倍に、鉄鋼の使用量が二五倍に急増した。日本の海外旅行者数は一九七二年に一〇〇万人だったのが、一九九〇年には一一〇〇万人を超えている。アメリカで誕生した消費者社会は、やがて使い捨て経済に変容し、一九八〇年代に西欧諸国や日本を巻き込み、極めて贅沢な一〇年を現出させ、さらに留まるところを知らず世界中へ拡大し続けているのである。

アメリカ人はインド人六〇人分の肉を一人で食べている

アメリカ人の食生活は、言うまでもなく肉食中心である。アメリカ人は一週間に平均二キログラムを超す肉を食べ、一人当たりの食肉の年間消費量は一一二キログラム（一九九〇年）にのぼる。これに対し、フィリピン人の年間の食肉消費量は一六キログラムであり、インド人に至ってはたった二キログラムにしか過ぎない。つまり、アメリカ人は一人でインド人六〇人分の肉を食べていることになるわけだ。ただし、日本人の食肉の年間消費量がアメリカ人の約三分の一に達していることも忘れてはならない。

アメリカ人は必要カロリーの四〇%近くを脂肪から摂取しているが、最近の研究では健康維持のためには脂肪分を二〇%以下に抑えたほうが良いとされており、アメリカ人は明らかに肉の食べ過ぎなのである。一キログラムの牛肉を生産するためには、トウモロコシや大豆の飼料五キログラムと水三〇〇〇リットルの他に、肥料や農薬などの生産に二リットル相当のガソリンが必要だ。肉食の生活により世界の穀物の約四〇%が消費されている。仮に現在の世界人口六一億人が今後、アメリカ人並みの肉食生活をしようとすれば、今の食料生産量では世界人口の約三分の一しか養えないという計算もある。

アメリカ人は飽食の食品加工・流通にエネルギーの一七%も消費

アメリカ人の食生活の特徴は、食料品や飲料の加工・包装・流通・貯蔵化を図り、地球環境に重い負担を負わせたことにある。例えば、食料品の加工・流通のチェーン化によりアメリカ全体のエネルギー消費量の一七%(畜産物と他の農産物の生産に各三%、加工に六%、輸送・販売・冷凍・調理・食器洗いに五%など)が消費されている。

アメリカ人は一九六〇年代にはポテトの九二%をそのまま調理して食べていた。だが、一九八九年にはポテトのほとんどを冷凍化し、そのうちの多くをフレンチフライにして食べるようになった。冷凍食品を調理するには、生の食品を調理するより一〇倍もエネルギーを必要とする。

アメリカ人が一年間に飲む一人当たりのソフトドリンク量は、一九九〇年に世界平均の約七倍の一八二リットルに急増した。アメリカ人が飲む水の量は年間一四一リットルであるから、アメリカ人はソフトドリンクを水より四一リットルも多く愛飲しているわけだ。ソフトドリンクの入ったアルミニウム缶は、その製造に最も大量のエネルギーを必要とするエネルギー集約型の金属であるが、その四分の一はソフトドリンクの容器（缶）に使われている。だがアメリカでは、アルミニウム缶の半分がゴミ埋立地に投棄されている。

また食料品の包装容器は、自治体の固形廃棄物の五分の一を占めており、アメリカ人が一年間に出す一人当たりの固形廃棄物量は一三〇キログラムにのぼる（一九八〇年代末）。アメリカ人は購入する商品価格の一ドル当たり四セントを包装容器代に充て、年間一人当たり包装容器代として二二五ドル（約三万円）を支出している勘定になる。この包装容器にアメリカのプラスチックの約四分の一が使われている。そうでなくても、アメリカ人は毎年、かみそりを一億八三〇〇万個、電池を二七億個、噴射ペイント缶を三億五〇〇〇万個も投棄し、捨てられた二億八〇〇〇万本の自動車のタイヤに至っては四分の一しかリサイクルされていない。

アメリカ人の約二人に一人が乗用車を保有、道路は日中印三か国より長い

世界一の自動車王国アメリカの自動車（四輪以上の乗用車、バス、貨物車）保有台数は、一九九七年に約二億六〇〇〇万台を超え、約二人に一人が乗用車を乗り回している。これに対し、アジアの最貧国カンボジアではわ

自動車（乗用車・バス・貨物車）保有台数の比較

国名	自動車	乗用車	1000人当たりの乗用車台数
アメリカ	2億628万7000	1億2974万9000	485.5
日　本	7081万8000	4989万6000	394.0
イタリア	3399万6000	3100万	538.5
カンボジア	6万6000	5万3000	4.8
エチオピア	9万8000	5万6000	0.9

（注）アメリカ、イタリア、カンボジアは1997年次、他は1998年次。
（出所）総務省統計局・統計研修所編「世界の統計2001」

ずか六万六〇〇〇台の自動車しかなく、そのうち乗用車は約二〇〇人に一人しか保有していない。アフリカの最貧国エチオピアの自動車保有台数は九万八〇〇〇台であるが、乗用車は約一〇〇〇人に一台しか持っていない。ちなみに日本の自動車保有台数は約七〇二〇万台で、乗用車は約五人に二人の割合で普及している。（別表「自動車保有台数の比較」を参照）

アメリカ人一人当たりの自動車の走行距離も、一九八八年にすでに八八七〇キロメートルに達している。西アフリカの最貧国カメルーンでは一二〇キロに過ぎず、アメリカ人はカメルーン人の七四人分も車を乗り回していることになる。日本人は二五一〇キロで、アメリカ人の約三・五分の一である。

自動車は、化石燃料による二酸化炭素（CO_2）排出量の少なくとも一三％を排出しているだけでなく、大気汚染や酸性雨の原因となっている。乗用車は世界の石油消費量の四分の一以上を消費している。典型的なアメリカの乗用車は、鉄、スチールなどの金属を約一トン、プラスチックを〇・一トン使用しており、自動車産業は金属の代表的な消費産業の一つであると同時に、プラスチックの大口使用産業でもある。金属産業とプラスチック産業は、その製造に大量のエネルギーを必要とするエネルギー集約型の製造産業であり、両産業はエネルギー消費量のそれぞれ二位と五位を占めている。また金属産業は全有毒物質の排出量でも製造産業の三位を占めている。このように、自動車は大量にエネルギーを消費するエネルギー集約型製品の頂点に立つ製品であり、汚染物質の排出量も多く、厳密に言えばお世辞にも環境にやさしい製品とは言えない。

アメリカでは、自動車に不可欠な道路、駐車場、その他の施設が、都市郊外の土地の半分を占拠している。米国内の道路の総延長距離は世界で一番長く約六三五万キロに及び、日本（一一五万キロ）、中国（一五三万キロ）、インド（三三二万キロ）の三か国を合わせたより長い。州間ハイウエーの多くが完成後大分経った一九七〇年から一九九七年までの間に、米国内の道路舗装率は五九％に達している。縦横に走る舗装道路の全面積はジョージア州の面積より広い。就労するアメリカ人は現在、一週間に九時間は車を運転している。このため、一九六〇年には五％しか取り付けられていなかったカーエアコンが、最近では九二％の車に普及している。カーエアコンは温室効果ガスの排出量を増やし、地球温暖化への寄与度を三分の二ほど高めている。

〝グローバル化の交通手段〟ジェット旅客機も、地球温暖化の原因

アメリカの推進するグローバル化に欠かせないジェット旅客機は、エネルギーの消費量や大気汚染では自動車と双璧を成す。アメリカ人は一九九七年に約四七八〇万人が海外旅行をした。アメリカの航空機を利用

した旅行は小グループによる旅行が多く、約四〇〇〇万人が国内便の四一％を利用している。世界の旅客機による旅行者数は一九八〇年代に年間五％ずつ増加し、一九九〇年には一九五〇年と比べ五二倍も急増している。しかし、乗客一人を一キロメートル運ぶのにジェット旅客機は自動車より四〇％以上も多く燃料を消費する。航空機は地上では大気汚染を引き起こさないが、高空では大気汚染の主役を演じている。航空機は世界の化石燃料から排出される二酸化炭素（CO_2）の約三％を排出している。航空機が高空で排出する窒素は、対流圏で〝悪役のオゾン（O_3）〟をつくる。このオゾンは温室効果をもたらす。また成層圏では、有害な紫外線が地上に降り注ぐのを防いでいる〝善玉のオゾン〟を破壊している。

消費者社会を煽り立てるアメリカの宣伝広告――環境にも過大な負荷

アメリカ人の消費欲を煽り立てているのは、宣伝広告である。だが、この宣伝広告が環境に過大な負荷をかけていることに気付いている人は少ない。広告産業は第二次大戦後にアメリカで急成長を遂げ、世界に波及した代表的な産業の一つである。アメリカでは一人当たりの広告支出が一九五〇年の一九八ドルからから九〇年には四九五ドル（当時の換算で約七万円）へと二倍半に急増した。ほぼこの間、世界の総広告費は三九〇億ドルから二四七〇億ドル（当時の換算で約一二兆三五〇〇億円）へと六・三倍も激増した。この広告費の急成長は、当時の経済生産高の成長をはるかにしのいでいる。

その後、アメリカの二〇〇〇年の総広告費は、単独で年間二四三七億ドル（当時の換算で約二六兆八〇〇〇億円）

に達し、一九九九年と比べ九・六％も増え、経済成長を上回るほどだった。二〇〇〇年はブッシュ大統領が選ばれるのに開票が最後までもめた大統領選のあった年だが、その大統領選やミレニアム（千年紀）、国勢調査、夏季オリンピックなどの大きな政府の行事やイベントなどが、広告景気をあおった。電通広告年鑑によると、この総広告費用のうち、アメリカの一〇〇大広告主がだいたい約三分の一を占め、一九九九年の一〇〇大広告主の投じた広告費は七三八億ドル（前年比一一・七％増）にのぼった。一位は自動車会社のゼネラル・モーターズ（ＧＭ）で、約四〇億四〇〇〇万ドル（約四四〇〇億円）にのぼる広告費を投入している。上位一〇社以内には、ＧＭのほか、ダイムラー・クラスラー（六位）、フォード・モーター（七位）と自動車会社が三社も入っている。ソフトドリンクのペプシコも九位につけている。二〇位以内になると、通信、コンピューター関連会社が目立つ（別表「アメリカの広告主上位二〇社」を参照）。

ちなみに、日本の広告費では、広告会社上位三〇社の合計売上高（一九九九年）は約三兆七三〇〇億円で、前年を〇・九％下回り、九八年（前年比三・八％減）に続いて二年連続のマイナス成長となった。広告会社で売り上げの一位は電通（約一兆三〇〇〇億円）で、二位は博報堂（約六七〇〇億円）である。

広告産業の急成長の影響を受け、アメリカでは年間約一四〇億通に及ぶ通信販売用のカタログと約三八〇億通にのぼる他の関連広告が、郵便ポストが詰まるほど配達され、市民は悲鳴を上げている。アメリカ人はこれら宣伝広告用の郵便物を〝ジャンク・メール〟（ゴミ箱直行の郵便物）と呼んで憚らない。宣伝広告はテレビや新聞、雑誌にも氾濫している。テレビはチャンネルの増設や終夜放映などで広告費の増収を図り、電力の消費量を増大させている。新聞や雑誌は森林の劣化を進めている。特に新聞広告の場合、半世紀前には全紙

アメリカの広告主上位20社（1999年）

順位	広告主名	広告費（米ドル）
1	ゼネラル・モーターズ	40億4000万
2	プロクター＆ギャンブル	26億1200万
3	フィリップ・モリス	22億 200万
4	ファイザー	21億4200万
5	ＡＴＴ＆Ｔ	19億5100万
6	ダイムラー・クライスラー	18億 400万
7	フォード・モーター	16億4000万
8	シアーズ・ローバック	15億 500万
9	ペプシコ	13億1600万
10	ベリゾン・コミュニケーションズ	13億1300万
11	ウォルト・ディズニー	13億 400万
12	タイム・ワーナー	12億 300万
13	ダイアジェオ	12億
14	マクドナルド	11億3500万
15	ＩＢＭ	11億3000万
16	インテル	11億2000万
17	ワールドコム	11億1000万
18	バイアコム	10億6500万
19	トヨタ・モーター	10億2500万
20	ジョンソン＆ジョンソン	10億 400万

（出所）*Advertising Age* 2000年9月25日号＝電通広告年鑑2002年1月刊から抜粋。

面の四〇％程度だったが、現在では六五％を占めている。アメリカの新聞広告の需要を満たすため、隣国のカナダでは年間一万七〇〇〇ヘクタールに及ぶ原生林が伐採されている。この伐採面積は米首都ワシントンのコロンビア特別区の面積に相当する。カナダの環境保護団体は、国全体をわれわれは〝パルプ〟（製紙原料）に変えようとしていると嘆いているほどだ。

米バーモント州クラフツベリーにあるコンピューター会社のオウナー、デービッド・ブライアス氏は、自分のメールボックスに郵送された迷惑なコンピューター供給カタログの環境に及ぼすコストを計算してみた。すると、こうした広告カタログが環境に及ぼすコストは驚くほど高いことが判った。ブライアス氏の計算によると、広告カタログの環境コストは次のようになる。ある会社が仮に三〇〇万人を対象に隔月で郵送する宣伝カタログを製作するとする。その製作に必要な紙を手に入れるには、樹齢七〇年代の樹木が茂る二八〜クタールの森林を伐採しなければならない。カタログは紙だけあっても作れるわけではない。別に五億九〇〇〇万リットルの水と二万三〇〇〇メガワットの電力が要る。さらに紙の製造過程では、二酸化硫黄（SO_2）が一四トン、有機塩素系化合物が三四三トン発生する。二酸化硫黄は有害な大気汚染物質であり、酸性雨の原因物質でもある。有機塩素系化合物はダイオキシンをはじめ最も毒性の強い化学物質の素であり、健康にも悪影響を及ぼすことになる。アメリカの受け売りで日本でも宣伝広告が消費欲を掻き立てている。日本でも日ごとに〝ジャンク・メール〟が急増しているが、こうした環境コストまで真剣に算定して宣伝広告している企業があるのか極めて疑わしい。

億万長者は一人で最貧国の二九一万人分もの富を独り占めにしている

アメリカをはじめ一部の国への富の集中とそれに伴う浪費生活は留まるところを知らないほどエスカレートしている。国連開発計画（ＵＮＤＰ）は「人間開発報告二〇〇〇」で、「世界の超富裕層はますます豊かになっている。上位二〇〇人の億万長者の富を合わせると、一九九九年には九八年より九三〇億ドル増え、一兆一三五〇億ドル（当時の換算で約一一三兆五〇〇〇億円）に達している。これに対し、後発展途上国（最貧国）すべての人口五億八二〇〇万人の所得を合計しても、一四六〇億ドル（約一四兆六〇〇〇億円）に過ぎない」と指摘している。つまり超富裕の億万長者一人が、なんと最貧国の二九一万人分に相当する富を独り占めしている勘定になるわけだ。

世界銀行が九一か国の家計調査のデータに基づき、世界の所得分布を検証したところ、世界の所得の不平等は、一九八八年から一九九三年の間に急速に拡大した。その所得の不平等さを測る指標として「ジニ係数」がある。この係数では〇（ゼロ）を完全な平等、一・〇を完全な不平等としているが、右記の五年間にジニ係数は〇・六三から〇・六六へと拡大し、各国間における平均所得の不平等格差が高まっているのである。

GATT（関税・貿易一般協定）のウルグアイ・ラウンド後の一九九五年に発足した世界貿易機関（WTO）の新貿易協定の下では、世界の所得が年間二一二〇億ドルから五一〇〇億ドルに増大した。ところが、後発途上国では年間六億ドル、アフリカのサハラ砂漠以南の諸国では年間一二億ドルもの損失が見込まれている。急速に進むグローバルな市場統合により「低所得の小国ほどグローバルな利益に与ることは少なく、その多くが競争の激しいグローバル経済から取り残されている」と国連開発計画は慨嘆している。グローバルな技術移転により、貧しい国の人たちに高収穫穀物の種子や救命医薬品の入手を可能にすることで、貧困の根絶の助けになるかもしれない。しかし、『貿易関連知的所有権に関する協定（TRIPES）』は逆に特許や著作権の保護を強化し、新技術が自由に普及されることによる社会の利益よりも、その技術を開発し市場へ送り出した者を優遇している」と国連開発計画は指摘している。

3 格差拡大を示す「人間開発指数」

「人間開発指数」からアメリカ人の浪費生活を検証する

一九四八年に国連が採択した「世界人権宣言」は、「すべての人間は、生まれながらにして自由であり、かつ、尊厳と権利とについて平等である。人間は、理性と良心とを授けられており、互いに同胞の精神をもって行動しなければならない」と謳っている。だから、人間は誰しも健康で長生きし、知識を身につけ、人間らしい生活を送る基本的な三つの権限をもっている。人間開発指数（ＨＤＩ）は、この三つの権限について各国の平均達成度を測定したものである。ＨＤＩはその測定基準として、出世時の平均余命（平均余命）、教育達成度（成人識字率と初等・中等・高等の総合計就学率）、一人当たりの実質国内総生産（ＧＤＰ）の三つ複合指数から成

人間開発指数の各国比較 (1998年)

順位と国名	出世時平均余命(歳)	成人識字率 15歳以上に占める率(%)	初中高等レベルの総就学率(%)	１人当たりＧＤＰ(米ドル)	人間開発指数(ＨＤＩ値)
3　アメリカ	76.8	99.9	94	29,605	0.929
9　日本	80.0	99.9	85	23,257	0.924
15　デンマーク	75.7	99.0	93	24,218	0.911
55　メキシコ	72.3	72.3	70	7,704	0.784
99　中国	70.1	82.8	72	3,105	0.706
139　コンゴ	48.9	78.4	65	995	0.507
140　ラオス	53.7	46.1	57	1,734	0.484
146　バングラデシュ	58.6	40.1	36	1,361	0.461
173　ニジェール	48.9	14.7	15	739	0.293
174　シエラレオネ	37.9	31.0	24	458	0.252
ＯＥＣＤ諸国	76.4	97.4	86	20,357	0.893
全発展途上国	64.7	72.3	60	3,270	0.642
後発発展途上国	51.9	50.7	37	1,064	0.435
全世界	66.9	78.8	64	6,526	0.712

(注)「人間開発指数」算定174か国の１位はカナダ、２位はノルウェーである。
ＯＥＣＤ＝「経済協力開発機構」。加盟国は先進工業国30か国と欧州委員会。
(出所)ＵＮＤＰ国連開発計画「人権と人間開発」

り立っている。

国連開発計画（ＵＮＤＰ）が二〇〇〇年に一七四か国を対象に算出した「人間開発指数（ＨＤＩ）」によると、「上位国」（ＨＤＩが０・８００以上）は経済協力開発機構（ＯＥＣＤ）に加盟する先進工業国（三〇か国と欧州委員会）を中心とした四六か国、発展途上国を中心とした「中位国」（同０・５００〜０・７９０）は九三か国、発展途上国の中でも後発途上国（最貧国）が占める「下位国」（同０・５００未満）は三五か国となっている。

国内総生産（ＧＤＰ）では、なるほどアメリカは世界第一位の経済大国（一九九八年のＧＤＰは八兆二三〇〇億ドル）である。だが、ブッシュ大統領をはじめ、多くのアメリカ人にとっては残念なことかもしれないが、この「人間開発指数（ＨＤＩ）」では、アメリカは世界ナンバーワンの国ではない。第一位はカナダ（ＨＤＩ値０・９３５）、第二位はノルウェー（ＨＤＩ値０・９３４）であり、アメリカは第三位に甘んじ、ＨＤＩ値は０・９２９となっている。以下、豪州、アイスランド、スウェーデン、ベルギー、オランダと続き、世界で二番目の経済大国である日本（ＧＤＰ三兆七八〇〇億ドル）は第九位（ＨＤＩ値０・９２４）と順番を下げる。

人間開発指数が三位であるにせよ、アメリカに住む約二億八〇〇〇万の人たちは、平均寿命が七六・八歳、成人識字率が九九・九％、初中高等レベルの総就学率が九四％、一人当たりの国内総生産（ＧＤＰ）が二万九六〇五ドルというように、人間開発指数の基準値のあらゆる分野で世界のトップクラスを占めている。これに対し、ＨＤＩ値が最下位一七四位の西アフリカのシエラレオネ（人口約五〇〇万）の状況は悲惨である。この国の人間開発指数はわずか０・２５２に過ぎない。シエラレオネの人たちはアメリカ人の半分（三七・九歳）しか平均寿命がなく、ほとんどの人たちはこの世に生を受けてから人並みの生活をして、人間としての可能性を切り開き、それを開花することもなく一生を終わっているのである。シエラレオネの成人識字率は三一％で三人に一人しか読み書きできず、初中高等レベルの総就学率も四人に一人と極めて低い。一人当たりのGDPに至ってはアメリカ人の約六五分の一に過ぎない。（別表「人間開発指数の各国比較」を参照）

アメリカ人の電力消費量はエチオピア人の六〇〇倍

電力、エネルギー消費量について、アメリカと人間開発指数一七一位のエチオピアを比較すると、アメリカ人の一人当たり電力消費量は年間一万三二八四キロワット時にのぼり、エチオピア人の実に六〇〇倍以上も電力を消費している。また商業用エネルギー消費量（石油相当量）では、アメリカ人はエチオピア人の約二八倍のエネルギーを消費している。（別表「人間開発指数と電力、商業用エネルギー消費量」を参照）

世界の人口は二〇〇一年には六一億人に急増し、このうち約八〇％（四九億人）が発展途上国に住んでいる。途上国の人口のうち約一二億人、五人に一人は一日一ドル以下で生活している。円に換算すれば、百円硬貨一個と十円硬貨三個程度で一日を暮らしている人たちが、人類全体の五人に一人を占めるのだから、現在の世界がいかに貧富の差が激しいか想像できよう。こうした不均衡な世界にあって、飽食のアメリカ人は一日一人当たり三六九九カロリーもの栄養を摂取しているのに対し、人間開発指数が最下位国のシエラレオネ人は一日当たり二〇三五カロリーしか摂取していない。しかも全家計消費に占める食料消費の割合では、アメリカがわずか八％に対し、シエラレオネは実に四八％と全家計消費の半分近くに達している。全家計支出に

人間開発指数と電力、商業用エネルギー消費量(1997年)

順位と国名	1人当たり電力消費量(kWh)	1人当たりエネルギー消費量(石油相当量kg)
3　アメリカ	13,284	8,076
9　日本	8,252	4,084
10　イギリス	6,152	3,863
62　ロシア	5,516	4,019
122　インド	482	479
150　ハイチ	81	237
171　エチオピア	22	287
ＯＥＣＤ諸国	8,008	4,643
全発展途上国	884	—
後発発展途上国	82	—
全世界	2,383	1,684

(出所)ＵＮＤＰ国連開発計画「人権と人間開発」

人間開発指数と食料、栄養摂取の比較(1997年)

順位と国名	1日1人当たりカロリー供給量(Cal)	全家計消費に占める食料消費の割合(%)
3　アメリカ	3,699	8
9　日本	2,932	11
31　韓国	3,155	21
108　ベトナム	2,484	40
174　シエラレオネ	2,035	48
ＯＥＣＤ諸国	2,633	—
全発展途上国	2,099	—
後発発展途上国	3,380	—
全世界	2,791	—

(出所)ＵＮＤＰ国連開発計画「人権と人間開発」

占める食費の比率（エンゲル係数）は、第二次大戦後、その国の生活や文化水準を推し量る指標となった。敗戦後の日本は高度成長期を迎えてもエンゲル係数を引き下げるのに懸命だったのだから、途上国のエンゲル係数の高さを決して他人事として座視できまい。（別表「人間開発指数と食料、栄養摂取の比較」を参照）

アメリカは二酸化炭素、二酸化硫黄の排出量でも世界一

このように、エネルギーや食料資源をアメリカは独り占めしているのに対し、アメリカが地球環境へかけている負荷は逆に著しく大きい。地球温暖化の主要原因とされる二酸化炭素（CO^2）では、アメリカはシエラレオネの実に約一万三三〇〇倍もの二酸化炭素を排出している（一九九六年）。一人当たりの二酸化炭素排出量はアメリカが一九・七トンに対し、シエラレオネは〇・一トンに過ぎない。全世界の排出量に占めるアメリカの割合は二二％であるのに対し、シエラレオネは百分率で表せないほど少ない。また酸性雨の原因でもある二酸化硫黄（SO^2）についてもアメリカは世界でいちばん大量に排出しており、一人当たりの年間排出量も六三・八キログラムと、ブルガリア、アイスランド、チェコ、ハンガリーに続いて五番目に多い代表的な大気汚染国なのである。（別表「人間開発指数と二酸化炭素、二酸化硫黄の排出量」を参照）

アメリカはまた途上国の平均消費量と比べ、淡水（真水）を三倍、エネルギーを一〇倍、アルミニウムを一九倍も多く消費している。アメリカだけでなく、広く汚染物質の排出量を先進国と途上国に分けて比較すると、先進国は燃料の燃焼により、酸性雨の原因物質である硫黄酸化物（SO_X）、窒素酸化物（NO_X）の四分の

人間開発指数と二酸化炭素(CO_2)、二酸化硫黄(SO_2)の排出量

順位と国名	CO_2排出総量(100万m^3) 1996年	全世界排出量に占める割合(%) 1996年	1人当り排出量(トン) 1996年	1人当りSO_2排出量(kg) 1995-97年
3　アメリカ	5,309.7	22.2	19.7	63.8
9　日本	1,169.6	4.9	9.3	—
14　ドイツ	862.6	3.6	10.5	17.9
55　メキシコ	348.7	1.5	3.7	—
62　ロシア	1,582.1	6.6	10.7	16.6
99　中国	3,369.0	14.1	2.8	—
128　インド	999.0	4.2	1.1	—
172　ブルキナファソ	1.0	(.)	0.1	—
173　ニジェール	1.0	(.)	0.1	—
174　シエラレオネ	0.4	(.)	0.1	—
全発展途上国	8,716.5T	36.4	2.1	—
後発発展途上国	85.7T	0.4	0.2	—
OECD諸国	11,902.6T	49.7	10.9	46.1
全世界	22,443.0T	93.8	4.1	—

(出所)UNDP国連開発計画「人権と人間開発」

人間開発指数と紙(印刷・筆記用紙)、水の消費量

順位と国名	1人当たり印刷・筆記用紙の消費量(kg/1997年)	1人当たり淡水取水量(m^3/1987-97年)
3　アメリカ	145.9	1,677
9　日本	117.9	735
12　フランス	72.0	700
74　ブラジル	13.4	359
89　モルジブ	3.8	17
109　インドネシア	7.1	407
144　ネパール	0.1	1,397
OECD諸国	89.0	—
全発展途上国	6.1	—
後発発展途上国	0.4	—
全世界	21.4	—

(出所)UNDP国連開発計画「人権と人間開発」

三を排出している。また先進国の工場は世界の有害化学廃棄物の大半を排出している。さらに先進国の原子力発電所は世界の放射性廃棄物の九六％以上を排出している。オゾン層を破壊するエアコンの冷却材やスプレー剤に使用する特定フロンのクロロフルオロカーボン（CFC）の九〇％を先進国が排出してきたのである。

消費者物資（消費財）全体の国際的な比較をするため、アメリカのワールドウォッチ研究所のアラン・ダーニング氏は、代表的な消費財として紙の他に、セメント、鉄鋼の二つを挙げている。これら三消費財は、生産に大量のエネルギーを必要とするエネルギー集約型の消費財であり、環境に著しい負荷をかけて生産されている。セメントも生産過程の化学反応から世界の二酸化炭素（CO_2）排出量の二・五％を排出している。鉄鋼は重量では世界中で採掘されるあらゆる金属の九〇％を占める。アメリカ人は年間一人当たりセメントを二八四キログラム、鉄鋼を四一七キログラム消費している。これに対し、バングラデシュ人はセメントを三キログラム、鉄鋼を五キログラムしか消費していない。

このように、アメリカの浪費経済は、あらゆる分野の消費生活に深く浸透し、飽くなき拡大を続けている。浪費経済は大量の資源を食いつぶし、化石燃料から生じる二酸化炭素の大気中の濃度が、私たち人間の生存基盤までゆるがすほど上昇しかねないため、「京都議定書」によって、まずアメリカをはじめ先進国の排出量削減が義務付けられたのである。

IV

苛立つアメリカ、国際的なCO_2排出量（権）の取引市場

1　州・企業レベルで始まるCO_2排出量取引

「京都議定書」の削減目標が実現不可能なアメリカと、すでに半分達成のEU

「京都議定書」はアメリカに対し、二〇〇八年から二〇一二年までに基準年の一九九〇年と比べ温室効果ガスの排出量を七％削減することを義務付けている。しかし二〇〇〇年の時点で、アメリカの排出量はすでに一九九〇年より一三％以上も増えており、米エネルギー情報局はこのままだと二〇一〇年には排出量が三〇％以上増加すると予測している。アメリカがエネルギーや輸送部門で今までと同じ燃料や技術に依存している限り、この増加予測を覆すのは不可能だ。しかも実際のアメリカの削減分は、この増加分に「京都議定書」の削減分七％を加えた分、つまり合計三七％以上を減らさなければならない訳だから、ここにブッシュ大統領の「京都議定書」離脱決定のもう一つの真意が読み取れるのである。

アメリカとは対照的に、欧州連合（ＥＵ）の温室効果ガスの排出量は、すでに一九九〇年の水準以下に抑えられている。ＥＵは「京都議定書」で二〇〇八年から二〇一二年までに、基準年の一九九〇年と比べ八％の削減を義務付けられている。ＥＵが排出量の削減で成果を上げている背景には、一連の要素がある。例えば、イギリスで電力産業の規制撤廃により、二酸化炭素（CO_2）の主要排出源である石炭火力発電が崩壊したこと、ドイツで東西両ドイツの統合に伴い、旧東ドイツの老朽化した工業施設が閉鎖され、エネルギー効率が向上したことなどが指摘されている。ＥＵの環境局は二〇〇一年四月、ＥＵは一九九〇年と比べ四％減らし、すでに「京都議定書」の目標を半分達成したと発表している。ＥＵのこうした動きに対して、アメリカや日本から石炭の消費量を減らし、石炭よりＣO_2排出量の少ない石油に変えただけではないか、といった批判も聞かれる。しかし、ＥＵの挑戦は、独自の努力で温室効果ガスの排出量を減らし、他国から温室効果ガスの排出量（権）購入を最小限に抑えることが可能なことを示している。

「京都議定書」で排出量（権）の削減取引が果たす意味

「京都議定書」は、議定書を実施しやすくするため、締約国が国際的に取り組む措置として「柔軟性メカニズム（京都メカニズム）」を導入した。この京都メカニズムは議定書の根幹を成し、①排出量（権）取引②共同実施③クリーン開発メカニズム（ＣＤＭ）の三措置によって構成されている。これら三措置のうち、排出量取引と共同実施は先進国同士で、またCDMは先進国と発展途上国の間で実施される。議定書は、一七条で締約国間の国際的な排出量取引を規定しているが、締約国の義務や、法人（企業など）の参加については言及していない（これとは対照的に、共同実施を定めた六条とCDMの一二条では、法人の参加を認めている）。

排出量取引は、排出量の削減目標を達成するため、排出量を互いに取引する仕組みだ。削減目標を超えそうな国（企業など）が他国（他企業など）から排出量を買ったり、逆に削減目標に余裕のある国（企業）が余った排出量を他国（他企業）へ売ったりして、社会全体の削減費用を節減し、併せて環境に利益をもたらすという考え方である。実際の取引は、証券取引のように排出量の証書（排出クレジット）を取引する。この排出量（権）は別に割当量あるいは許可枠、上限量とも言い、この概念は大気汚染や廃棄物、水質汚染の規制対策でもすでに定着している。例えば、オゾン層を破壊するフロンを規制したモントリオール議定書（一九八七年成立）は、フロンの生産、消費について割当量（許可枠、上限量）を定めたものである。「京都議定書」の温室効果ガスの排出量削減取引は、主として大気汚染物質の排出量取引を下敷きのモデルにして考え出された対策なのである。

特に、温室効果ガスの排出量取引で注目されている点は、四つの経済的な側面である。第一は、排出量（権）を買う側にしても売る側にしても、環境に不利益をもたらすことなく、排出量取引の持つ融通性から互いに利益を得ることが出来ることだ。第二は、強制的に排出量を削減するやり方と比べ、売る側は排出量の移転により収入を得られ、買う側も予め設定された排出目標を達成するより少ない費用で済み、互いに削減費用が安く上がるという点だ。第三は、取引価格を透明にすれば、他企業にもビジネス・チャンスが広がり、取引市場が拡大する点だ。第四は、排出量を削減する費用効果の良い方法を見つけるため、企業間の競争が促進される点である。すでに排出量取引はアメリカや欧州では事実上、スタートしており、地球温暖化対策はますます経済的な側面に重心が移っていきそうだ。

アメリカ国内で始まったCO_2排出量(権)取引への動き

ブッシュ政権の「京都議定書」離脱決定とは別に、米国内では各州政府や自治体がそれぞれ所轄権限内で、すでに温室効果ガスの排出量削減に着手する動きが始まっている。排出量の削減に率先して取り組んでいる州は、大西洋岸にある北東部の州が多い。例えば、マサチューセッツ州は、州内にある六大火力発電所に対してCO_2排出量の目標達成基準を設定し、該当する火力発電所は、二〇〇六年から二〇〇八年までに発電量(一メガワット時)当たり数ポンド(一ポンドは〇・四五キログラム)のCO_2を削減しなければならない。この目標基準の達成を補充するため、他の企業などから排出量の購入を認めている。

またニューハンプシャー州議会は二〇〇二年初め、州内にある三基の火力発電所から排出されるCO_2をはじめ、窒素酸化物(NOx)、硫黄酸化物(SOx)の排出量に上限を設ける法案を可決した。この排出量抑制法により、同州ではCO_2の排出量を二〇一〇年までに削減基準年の一九九〇年の水準にまで削減することが可能となった。

さらに、米ニューイングランド六州の知事とカナダ東部五州の首相で構成する合同会議は、気候変動行動計画を採択し、それぞれ各州内の当事者に対し、二〇一〇年までに自州内の温室効果ガスの排出量を一九九〇年の水準に削減し、さらに二〇二〇年までに一九九〇年の水準より、少なくとも一〇％削減することを要求している。対象となる各州は、米ニューイングランドが、東北部のコネチカット、メイン、マサチューセッツ、ニューハンプシャー、ロードアイランド、バーモントの計六州、またカナダ東部はケベック、ニューファンドランド、ニューブランズウィック、ノヴァスコシア、プリンスエドワード島の計五州である。

一方、ニューヨーク州は、温室効果ガスの排出量削減に関する政策と戦略を立案するための対策委員会を設置した。

その他にもアメリカ国内では、西海岸（太平洋岸）のオレゴン州が新エネルギー生産施設に適用するＣＯ$_2$排出量基準を設定した。米国内に強力な温室効果ガスの取引市場を創設するためには、全米の温室効果ガスの登録簿を作成する必要がある。中北部のウィスコンシン州は、その土台となる自発的な温室効果ガス登録制度をつくった。さらに、西海岸のカリフォルニア州は、「カリフォルニア気候行動登録制度」を創設する準備をしている。

カリフォルニア州議会では自動車のＣＯ$_2$規制法案を可決

カリフォルニア州議会は、二〇〇二年一月末に、自動車の排気管から排出されるＣＯ$_2$を削減する法案を可決し、地球温暖化との関連で自動車のＣＯ$_2$を規制する全米で初めての州となる可能性が出てきた。この法案は、州の大気資源評議員会（行政職員で構成）に対し、二〇〇四年一月までに、乗用車と小型トラックの排気管から排出される二酸化炭素（CO_2）の削減を最大限に実行可能で、費用効果の高い方法で達成する規制対策を講じるよう求めている。

一部の州ではすでに火力発電所のCO_2排出量を規制しているが、自動車から排出されるCO_2を規制した州は、まだアメリカにはない。カリフォルニア州はかつて大気汚染の浄化対策で主導的な役割を演じてきた経験がある。だからこそ「今度の自動車のCO_2排出規制法案は、われわれ及びわれわれの子供たち、さらに将来の彼らの子供たちと対決を続ける問題について、われわれ自身がその解決に向け主導権を取り戻すチャンスなのである」とダリオ・フロマー州議会議員は力説している。

カリフォルニア州のCO_2排出量は、この一州だけで実に世界全体の七％を占めており、日本の排出量より多い事実を知る人は少ない。しかも自動車保有台数は二三〇〇万台にのぼり、同州の排出するCO_2の五七％が自動車から発生している。

この法案の批判派は「法案は環境過激主義者の〝健康増進体操〟であり、「一部の運転者には運転をやめてもらうような迷惑をかけることになるかもしれない」と警告している。また、少数派与党の院内総務デーブ・コックス氏は「法案は二年以内に徹底的な規制をもたらす可能性がある」と言っている。しかし、法案の支持派は「法案には一年間のレビュー期間があるので、発効前に修正され、破棄されてしまうだろう」と、今後のレビュー期間中の法案の成行を心配している。

この自動車のCO_2排出規制法案は、シリコンバレーの企業家、環境主義者、看護婦、水道局員をはじめ、地球温暖化の同州への破滅的な影響を懸念する一部科学者たちによって構成される異例の連合組織の支持を受けている。

これに対し、世界の代表的な自動車メーカーは、この規正法案をみすぼらしい作文だとして反対している。その象徴的な反対論を唱えるのが、同州サクラメント市のフィリップ・アイゼンバーグ市長（元同州議会議員）の発言だ。同市長は「地球温暖化は大きな騒ぎとなっているが、気まぐれな考えに基づいた規制計画に巻き込まれるつもりはない」と言っている。アイゼンバーグ市長は、ゼネラル・モーターズ、フォード、トヨタの代理人を務める「自動車製造業者連合」のれっきとしたロビイストでもあるのだ。

この規制法案を州議会に提出した議員は、二〇〇一年に州議会議員に選出された元教員のフランセス・パブレー女史（民主党）である。パブレー女史は「ほんとうに一州なのかもしれないが、私たちは他の州より地球温暖化の影響を受けつつある。カリフォルニア州は環境問題で主導権を取る必要がある。過去にもそうしてきたのだから、その遺産は引き継いでいかなければならない」と語っている。

地球温暖化をめぐる論争へのカリフォルニア州の参加は、温室効果ガスの削減対策に抵抗するブッシュ大統領から主導権を奪い返そうと、米国内の州政府や各国政府が試みている努力の一環でもある。ブッシュ大統領は、大統領選挙の運動期間中にはCO_2を削減する約束をしていたが、二〇〇一年一月に大統領に就任するや否や約束を取り下げた。その挙げ句、大統領は連邦議会のCO_2規制努力にも不支持に回り、国内経済への打撃を主たる口実にして「京都議定書」からの離脱を宣言したのだった。

カリフォルニア州は、これまで大気汚染の浄化対策で米国内はもとより、世界でも指導的な役割を果たしてきた。例えば、自動車の無鉛ガソリンをはじめ、排気ガスに含まれる有害成分を無害化する触媒コンバーター、代替燃料車などは、同州で最初に開発された。また光化学スモッグの形成過程は、カリフォルニア工科大学によって解明されている。

カリフォルニア州が他に先駆けてユニークなことが出来るのは、カリフォルニア大学デービス校の輸送機関研究所のダン・スパーリング所長が指摘するように、「カリフォルニア州では、自動車産業が他の州や首都ワシントンほど、政治的な影響力をほとんど持っていない」からでもある。カリフォルニア州では、大気の質の改善に役立つ戦略として、州当局が新たに燃費の良い車の購入や、公共輸送機関と相乗りの活用、扁平タイヤの使用を促進するため奨励金を出している。

扁平タイヤの使用を促進する法案を提案したブルーウォーター・ネットワーク（本部サンフランシスコ）のラッセル・ロング理事は「扁平タイヤは風圧と路面の摩擦抵抗を減らし、燃費の向上を可能にする」と主張している。この種の試みに対して自動車業界は、燃費を改善すればするほど、車をいっそう小型化しなければならないから、ハイウエーの衝突事故で負傷者の増加を招くだけだと反論し、抵抗している。自動車業界は二〇〇一年に起こした訴訟で、カリフォルニア州によるゼロ・エミッション車の推進は、連邦政府の燃費基準規制を不当に行使する試みだと主張した。現在も係争中のこの訴訟は、ゼネラル・モーターズが最初の原告となって起こした後、ダイムラー・クライスラー、イスズ・モーター、サンホアキンバレー新車ディラー・グループが原告団に加わっている。

カリフォルニア州は、すでに他のどの州よりも再生可能なエネルギーから多くの電力を得ているが、同州のＣＯ$_2$排出量の五七％を自動車が占めている。科学者たちの警告によると、地球温暖化に伴い、同州は今後、太平洋からより多くの暴風雨に見舞われ損害が増え、また、より温暖でスモッグに覆われた環境になるだけでなく、周期的に洪水と干ばつが頻繁に襲ってくる可能性がある。「気候変動に関する政府間パネル（IPCC）」は二〇〇一年の第三次評価報告書で、世界の平均気温は今後一〇〇年間に最大五・八度上昇すると予測している。

地球温暖化はまた、水不足を引き起こす恐れがある。カリフォルニア州にとって死活的に重要な資源は、同州東部に南北に走るシエラネバダ山脈によって維持されている。同山脈にはカリフォルニア州最大の地下帯水層が眠っている。この地下帯水層は山脈の雪塊氷原によって支えられている。雪塊氷原というのは、夏に少しずつ融ける氷で固まった高原で、同州は雪塊氷原と地下帯水層から計り知れない恩恵を受けている。カリフォルニア州水資源局のジョナス・ミントン副局長は「気温が上昇すると、雪よりむしろ雨の降水量が増え、雪塊氷原が後退して、私たちが春と夏に流去水として必要とする水量が減少してしまう。こうした現象がすでに起こっている証拠がある」と警告している。

カリフォルニア州議会は、温室効果ガスが他の大気汚染ガスと同じように規制されることを予期して、排出量の削減を追跡するための登録制度を創設した。自発的に排出量を削減した企業は、その削減経過を登録し、将来の削減目標に対するクレジットとしてそれを勘定に入れることが可能だ。シリコンバレーの企業家の指導者たちが加盟する連合組織「環境企業家」の創設者ボブ・エプスタイン氏は、次のように語っている。

「この登録制度はガソリンとお金を節約するだけでなく、地球温暖化と戦うための革新的な新技術を活用することを可能にした。この制度によって、地球温暖化を引き起こす経済と環境への脅威を和らげるための道のりへと、カリフォルニアを歩みださせることになるだろう。容易に手に入る技術を利用すれば、自家用車のCO_2排出量を三〇％から四〇％削減し、消費者は数千ドルもの節約が出来る」。

企業の「京都議定書」への対応は分裂、石炭産業の打撃は大きい

米国内の企業の「京都議定書」に対する見解は、分裂している。連邦政府の議定書批准に期待する企業もあれば、傍観者に甘んじたり、はたまた公然と議定書に敵意をあらわにしている企業もあるといった具合で、歩調が乱れている。

ほとんどの企業グループは、「京都議定書」を拒否したブッシュ政権の立場を支持している。二〇〇一年十月末から十一月初めにモロッコのマラケシュで開かれた気候変動枠組み条約の第七回締約国会議（COP7）の直後、最大の石油化学会社BPは、ブッシュ政権と意見を異にして同政権に対し、「京都議定書」の批准を迫った。ブッシュ大統領は議定書に批准すれば、失業と燃料費の値上がりを招くと主張しているが、BP社は議定書に批准すればむしろ雇用を創出できると反論した。環境グループは、このBP社の動きは温室効果ガスの排出量削減に取り組みたいという産業界の傾向を象徴しているという。米商工会議所は「BP社はクリーンで環境にやさしい企業として自社を売り込みたいのだ。これは市場の中に自社を位置付けるBP社の商業的な決定である」とコメントしている。

企業はもともと利益を追求する法人であるから、議定書の取り決めの中でも、CO_2の排出量取引がビジネ

スになるかどうかは、企業にとって最大の関心事でもある。だが、排出量取引がすべての企業に利益をもたらす訳ではない。特に石炭産業の打撃は大きい。米国内の石炭火力発電所は現在、米国内の発電量の約五〇％を発電している。しかも電力産業のCO_2排出量のうち、九〇％以上が石炭火力発電所から排出されている。だから、全米の石炭火力発電所が今後CO_2の排出量を積極的に削減するようになれば、米国内の石炭産業はその対策のため多大な出費を強いられることになる。

アメリカが今後、CO_2の排出量を抑制するためには、発電技術をCO_2の排出量の多い石炭から排出量の少ない技術に転換する必要がある。皮肉なことに、石炭火力発電所は米国内で最も安価な電力の供給源であり、アメリカ経済の非常に幅広い分野に電力を供給している。CO_2排出量の真剣な抑制努力を擁護しようとした場合、いかなる政治家にとっても重大な賭けをすることになりかねないので、米国内のCO_2抑制対策の足かせとなっているのである。

企業マインドや企業形態に変化の兆し、主要企業三七社が温室効果ガス削減支持

しかしながら「京都議定書」は、米国内の企業同士の競争力を高め、収益の向上をもたらしたり、あるいは新ビジネスへの投資により、企業マインドや企業形態の変革を促進する潜在力を秘めている。

例えば、電力会社は水力発電や原子力発電の可能出力の強化を図れば、競争力が高まる。また自動車メーカーには従来型のエンジンの転換が必要だ。米三大自動車メーカーの一つ、フォード社のウィリアム・C・

フォード・ジュニア会長は、同社が今後、従来の内燃機関の生産に終止符を打ち、水素エンジン車に転換する戦略を立てていることを明らかにしている。さらにBP、シェルといった多国籍石油会社は、従来の石油会社から脱皮し、〝エネルギー会社〟として生まれ変わる準備をしている。

ブッシュ大統領の膝元、テキサス州ヒューストン市に本社を構える「ペトロ・ソース・カーボン社」では、米国内の四火力発電所から排出されるCO_2をパイプラインで同州南部の新しい油井内に送り込み、石油の汲み上げ能力の向上に活用する計画をしている。同社では、ブッシュ政権がCO_2の排出量抑制に乗り出した場合に備えて、いたずらに大気中へ放出されるCO_2の排出クレジットを貯めこんで、利益を上げようと皮算用を弾いている訳だ。またカナダの公益企業「オンタリオ発電」も、前記の「ペトロ・ソース社」からCO_2の排出クレジット（一三〇万トン相当分）を購入し、両社ともアメリカ・カナダ両政府が今後認めるかもしれない排出量取引に備えている。

隣国のカナダを抱き込んだ米国内のこれらの新しい企業マインドや企業形態の変化は、「地球の気候変動に関するPEWセンター（PCGCC）」の活動に象徴的に示されている。同センターには主要企業三七社が加盟し、「京都議定書」による温室効果ガス排出量の削減義務を支持している。同センターのスポークスマンは「一部の企業は（排出量削減の）立法化は避けられないので、（取引の）前線に出ることを望んでいる」と言っている。一連のこうした州や企業の活動に弾みがつけば、ブッシュ政権は次第に頑な政策を変更せざるを得なくなるだろう。

米国内で本格化する排出量(権)取引所創設の動き

ブッシュ政権は、「京都議定書」を批准して他国の仲間入りをするより、むしろCO_2などの温室効果ガスを市場取引に基づく手段を活用して削減することを支持している。アメリカ中西部のシカゴ市では、二〇〇一年夏から二酸化炭素(CO_2)の排出量(権)取引市場を創設する動きが、すでに活発化している。このシカゴの排出量取引市場に隣国のメキシコ市が参加を表明し、その動きはメキシコやカナダへも波及しそうな気配だ。ブッシュ大統領は、「京都議定書」の拒否理由として国内経済への打撃を挙げたが、現実にこうした市場取引が進み、アメリカ経済に活力を与えるようになれば、ブッシュ大統領が「京都議定書」の拒否政策を貫く大義名分の主要な根拠が、自己矛盾に陥り崩壊する可能性も否定できない。

温室効果ガスの排出量(権)取引とは、国あるいは企業の排出量が多すぎて、削減目標値を達成できない場合、削減目標に余裕のある他国や他企業からその排出量(権)を購入して、自国あるいは自社の削減目標に上乗せし、自分の目標値を達成するやり方である。排出量をクレジットとしてお互いに売り買いできることから、温室効果ガスの取引(売買)は、金や大豆など普通の商品取引に譬えることが出来る。つまり、市場でトウモロコシを売買するのと同じように、市場でCO_2を売買するという訳だ。

盛り上がる「シカゴ気候取引所」創設の動きとメキシコ市の参加

気候変動枠組み条約の第七回締約国会議（ＣＯＰ７）が閉幕した直後の二〇〇一年十一月半ば、シカゴ市のリチャード・デイリー市長は「シカゴ気候取引所（ＣＣＸ）」の創設計画を発表し、同市がアメリカ国内で温室効果ガスの排出量（権）取引を実施する最初の自治体になることを宣言した。デイリー市長は「シカゴの金融取引は長年にわたりアメリカ経済と地域経済にとって死活的に重要な役割を果たしてきた。シカゴ気候取引所の創設は、われわれのエネルギー・環境問題の解決を助ける上で革新的な新機軸であり、またその好いお手本となるだろう」と強調した。

この発表と同時に、隣国メキシコの首都メキシコ市のクラウディア・シェインバウム環境局長が「シカゴ気候取引所」への参加を発表した。シェインバウム局長は「メキシコ市の参加は、温室効果ガスの削減手段の開発を支援し、費用効果の高い、持続可能な開発を補足することになる。シカゴ気候取引所がメキシコ市の温室効果ガス削減の目標達成を助ける重要な機会になると確信する」と述べた。

温室効果ガスの排出量を市場取引する「シカゴ気候取引所」は、すでに設計段階に入っている。シカゴ市に本部を構えるジョイス財団が「シカゴ気候取引所」の設計に七六万一〇〇ドル（当時の円換算で約七六〇〇万円）に及ぶ助成金を支出した。

ジョイス財団は九億ドル（現円換算で約一一七〇億円）の資産を保有し、中西部における生活の質の向上を図ることを目的とした公共政策への助成を一つの戦略としている。同財団のポーラ・ディパーナ理事長は「気候変動問題を未来の世代へ転嫁することは全く無責任だ。規制の枠組みづくりが進展すれば、この市場は取引が機能するという件《くだん》の構想を試す世界で本当に最初の実験となり、危機的で重大な環境問題と世代間の問題に対し、実際に行動が言葉に先行することが可能となる」と言っている。「シカゴ気候取引所」への助成は、二〇〇〇年に同財団が開始した「ジョイス・ミレニアム（千年紀）・イニシアチブ」の一環として、世代間の活動を支援するために行われたものだ。

「シカゴ気候取引所」の設計に参加した企業などの当事者は合計三九を数え、うち法人三五のうち三三企業の株式発行高（時価）はこれら全社を合計すると、総額四二五〇億ドル（当時の円換算で約四二兆五〇〇〇億円）にのぼる。これら企業の中で、すでに最大手の企業数社が実際に気候取引所への参加を約束して、自発的にCO_2の排出量に上限を設け、取引システムを通じ排出量を制限する用意のあることを表明している。例えば、ウィスコンシン・エネルギー社（本社ミルウォーキー市）のクリスティン・クラウゼ環境局副局長は「われわれはCO_2の排出量削減が将来、必要になると見ており、実際にそれを行うメカニズムの創設に関わりたい」と話している。

「シカゴ気候取引所」の設計段階に携わる企業には、中西部に本社を構える公益企業が多く名を連ねている。多国籍企業の石油、ガス会社やソーラー電池板製造で大手のBP社、アライアント・エネルギー社、それにカルパイン社（本社カリフォルニア州サンノゼ市）などのエネルギー供給会社などだ。これらの公益企業は中西部地方の温室効果ガス排出量の約二〇%を排出している。

「シカゴ気候取引所」では、参加企業が自発的に排出量を削減するためのクレジットを取得し、そのクレジットを売買して、排出量を削減する上で最も費用効果の高い方法を見出すことが可能になる。「シカゴ気候取引所」の温室効果ガス削減目標は「京都議定書」の目標とほぼ同じだ。「シカゴ気候取引所」は五年間で参加企業の温室効果ガス排出量を基準年の一九九〇年と比べ、五%削減することを目標としている。この目標を「京都議定書」と比べると、議定書に批准した先進国は、二〇〇八年から二〇一二年までの五年間に、温室効果ガスを一九九〇年と比べ平均五・二%削減することを義務付けられている。

ジョイス財団は二〇〇〇年に、ノースウエスタン大学のJ・L・ケロッグ経営大学院に対し、三四万七六〇〇ドル（当時の円換算で約三五〇〇万円）の助成金を交付した。この助成金は、「シカゴ気候取引所」を設計する著名なトレーダー、リチャード・サンドア博士の研究支援に使われている。サンドア博士はこの助成金で気候取引所に関する初期段階の調査研究を行い、中西部において自発的な市場取引に基づく排出量削減が実現可能なのか立証することになっている。サンドア博士は「企業の対応は信じられないほどすごい。これらの企業は、気候変動に積極的に取り組めば、みんなの長期的な利益を助長すると実際に信じている。排出量取引は、率直に言っていいビジネスであり、最終的には世界で最大の商品取引市場に成長するだろう」と語っている。サンドア博士は、シカゴに本社を構える環境金融プロダクション社の最高責任者（CEO）で、ケロッグ経営大学院の客員研究員を務め、革新的な商品・環境市場の開設者として知られている。

CO_2の排出量取引の将来性については、すでに長年にわたり議論が繰り広げられてきた。「シカゴ気候取引所」は今後、世界的な規模で排出量取引が可能なのか、その将来性を占う地域的な規模での最初の実験で

ＩＴグループ Inc.	コンサルト、工学技術、建設、施設管理など、多角的な付加価値サービスの提供産業。土壌、空気、水の汚染物質の特定など、地球環境問題に対処する専門技術も提供している。
マニトバ・ハイドロ	カナダで４番目に大きいエネルギー供給会社。中南部マニトバ州の州都ウィニペッグに本社を持つ。同州の顧客40万3000に電力、同州南部の顧客24万8000にガスを供給。自家再生水力発電も。
ミード・コーポレーション	森林生産企業。コート紙、コート板紙、家庭用紙、オフィス用紙などの生産で、北米を代表する企業の一つ。年間販売高44億ドル。森林200万エーカー以上を管理。本社はオハイオ州デイトン市。
ミッドウエスト・ジェネレーション	エデイソン・ミッション・エネルギー社の子会社。イリノイ、ペンシルベニア両州で発電所13を保有、1300万世帯以上への電力供給が可能。火力発電所のＣＯ２削減に取り組む。本社はシカゴ市。
全米農業協同組合評議会（ＮＣＦＣ）	農業協同組合のビジネスの運営、経済的な福祉の促進、協同組合教育におけるリーダーシップ提供など、公共政策環境の保護が任務。
ナビタス・エネルギー	米国内の再生可能エネルギー生産施設を開発、所有、運営する独立電力生産企業。借入資本により風力など650メガワット以上のクリーン・エネルギーを開発中である。
ナイソース Inc.	インディアナ州メリルビルに本社を置く持ち株会社。天然ガスの開発、生産、販売、電力の発電、送電などをする企業を運営。メキシコ湾から中西部、ニューイングランドまで顧客360万に供給。
ヌオン	オランダ最大の多角的公益企業の一つ。同国内では住民や企業250万以上に電力、ガス、水、熱を供給。再生可能エネルギー発電の先頭に立ち、その知識と経験を国際的に広めつつある。
オーマット	リモートコントロー式の超小型発電タービンを開発した代表的な企業。この発電機は地熱、産業廃棄物熱、太陽光エネルギー、バイオマスなど、地方での熱源確保に使用されている。
ピナクル・ウエスト・キャピタル Corp.	アリゾナ州フェニックスに本社のあるＡＰＳとピナクル・ウエスト・キャピタル・エネルギーの親会社。ＡＰＳはアリゾナ州最大の電力会社で、顧客85万7000に電力を供給。
ＰＧ＆Ｅナショナル・エネルギー	メリーランド州ベセスダ市に本社を構えるエネルギー企業。発電、ガス・パイプライン施設の開発、所有、運営を行い、エネルギー取引、マーケッティング、リスク管理サービスを提供。
ＳＣジョンソン	ファミリーの所有・管理会社で、家庭用クリーニング用品、家庭用倉庫などを製造する代表的な企業。本社ウィスコンシン州レイシン。
ＳＴＭマイクロエレクトロニクス	世界で三番目に大きい半導体製造会社。幅広い半導体・集積回路と独立装置を設計、開発、製造、取引。年間収益145億ドル。
サンコア・エネルギー Inc.	カナダのエネルギー一貫生産企業。原油、天然ガスの権利取得、探査から生産、取引、原油の精製、石油製品の取引を行う。
スイス Re.	世界第２位のスイスの再保険会社。1863年チューリッヒで創業。世界30か国以上に70支店を構える。保険契約高260億ドル。
テンプル・インランド Inc.	多角的な林業、森林生産物、金融サービスを扱う会社。テキサス、ルイジアナ、ジョージア、アラバマ州の森林地220万エーカーを管理。金融サービスは貯蓄銀行、抵当銀行、不動産、保険仲買業。
ネーチャー・コンサーバンシー	世界最大の国際的な自然保存グループ。1951年に設立された環境ＮＧＯ（非政府組織）。米国内の土地1208万9000エーカー以上を保護した。
ウエイスト・マネージメント Inc.	総合的な廃棄物管理サービスを提供する企業。北米一帯の自治体、商業、工業、市民を顧客としている。本社はテキサス州ヒューストン市。ゴミ埋め立て処理地284、リサイクル施設160など所有。
ウィスコンシン・エネルギー・コーポレーション	多角的エネルギーの持ち株会社。発電、電気・ガス・蒸気供給、ポンプ製造などに従事。ウィスコンシン、ミシガン州北部の顧客100万以上、天然ガスを顧客95万に供給。本社はミルウォーキー市。
ザプコ（zapco）	埋立地のゴミから発生するガス（ＬＦＧ）を開発する米国内で最大手の企業。ＵＳエネルギーが最近、経営権を取得。中西部における27のＬＦＧプロジェクトのうち10を運営している。

（出所）シカゴ市の「気候取引所」発表文書による

『シカゴ気候取引所』の設計に参加した企業などの当事者

アグリライアンス	農業生産者・農地所有者の地域協同組合。全米50州とカナダ、メキシコの農業生産者と牧場経営者に肥料、種子、情報管理、穀物専門技術などを提供。ミネソタ州セントポール市などに２事務所。
アライアント・エネルギー	米国外内にエネルギー・サービスを提供する企業。世界の200万以上の顧客に電気、天然ガス、水、蒸気を提供。本社はウィスコンシン州マディソン市。
ＢＰ ｐｌｃ	世界最大の石油・石油化学会社の一つで、その株を保有する公開責任会社（ＰＬＣ）。主業務は原油、天然ガスの探査・生産、精製、売買や石油化学製品の製造・売買。太陽光発電も手掛けている。
カルパイン Corp.	エネルギー・センター50か所（電力容量5900メガワット）のエネルギー・ポートフォリオを保有。600万世帯の電力需要を賄えるエネルギーを生産。本社はカリフォルニア州サンノゼ市。
カー・フューチャーズ／クレディット・アグリコレ・インドスエス	カー・フューチャーズは、クレヂット・アグリコレ・インドスエスの子会社で、世界最大の仲買業者の一つ。カー社は、世界のすべての主要な先物取引、株式市場の会員権を保持している。本社はシカゴ市。
サイナジー Corp.	アメリカの代表的な多角的エネルギー会社の一つ。中西部で電力を顧客150万世帯以上に、また天然ガスを顧客50万世帯に天然ガスを供給している。本社はオハイオ州シンシナチ市。
ＣＭＳジェネレーション	世界的な規模で発電事業の開発、運営をするアメリカで10番目に大きい企業。アメリカ、インド、タイ、豪州、メキシコ、モロッコ、アルゼンチン、チリなど10か国で発電所が稼動。
ダックス Unlimited	環境保護法人（無限責任会社）。北米の重要な湿地帯や高地の保全・管理により、水鳥を保護することを目的としている。1937年に設立以来、16億ドルを集め、全米の野生生物の保全に寄与。
デュポン	科学会社。科学に基づいた解決策を提供し、食料、栄養、ヘルスケア、アパレル、家庭、建設、エレクトロニクス、輸送など人々の生活での差別化を図る。1802年に創業、70か国で営業。
ＤＴＥエネルギー	デトロイトに本社を置く多角的エネルギー会社。米国内のエネルギー関連ビジネスとサービスの開発・管理に従事。主要子会社デトロイト・エディソンはミシガン州南東部の顧客210万に電力を供給。
エキセロン・コーポレーション	米最大の電力会社の一つ。イリノイ、ペンシルベニア両州で顧客500万に電力を、フィラデルフィア市で顧客42万5000にガスを供給。年間総収入は150億ドル。本社はシカゴ市。
ファースト・エネルギー	オハイオ州アクロンに本社を置く公益企業の持ち株保有会社。傘下の電力７社は、同州とインディアナ州国境からニュージャージー州沿岸まで顧客430万に電力を供給。年間総収入120億ドル以上。
フォード・モーター・カンパニー	アメリカ第2の自動車会社。ボルボ、ジャガー、アストン・マーチン、ランド・ローバーを完全子会社化し、マツダの株33%を所有。未来世代のための環境保存にも関心を持つ。
グロウマーク Inc.	主にイリノイ、アイオア、ウィスコンシン州とカナダのオンタリオ州で農業関連生産物を提供する地域法人100から成る連合組織。本部はイリノイ州ブルーミントン市。
グルポＩＭＳＡ	1936年創業の持ち株保有会社。メキシコの代表的亜多角的工業会社。スチール加工製品、自動車用電池、アルミニウム、スチール・プラスチック製建材の生産が中核４業務。年間売り上げ22億ドル。
ＩＧＦインシュアランス	米国内で5番目に大きい穀物保険会社。８営業所を持ち、46州の農家に業務を行い、農家の危機管理向けニッチ作物の開発を誇る。
インターフェイス Inc.	規格カーペットなど、商業・企業向けインテリア市場製品の製造、売買、設置、サービスをする世界的な企業。
インターナショナル・ペーパー	紙、包装紙、建材などの林産物を取引する世界的な企業。米国内だけでも1200万エーカーの土地を管理。世界一の土地所有企業。
アイオア農場局連盟	政府から独立した任意の組織。1918年創設。アイオア州郡部の100農場局から構成され、農場主15万4000世帯以上が加盟する。立法活動や教育など会員家族の福利と生活の質の向上を図る。

もある。アメリカ中西部はエネルギー、製造、輸送、農業、森林などの産業が盛んで、アメリカ経済の約五分の一を支配し、温室効果ガス排出量の約五分の一を占めている。しかも国際航空路の接続拠点でもあり、排出量取引市場の開設には、地政学的に見ても将来的に有望な可能性を秘めている。サンドア博士は、シカゴ市に代表的な排出量取引市場が開設されれば、二十一世紀の世界経済に意味のある教訓をもたらすとみている。

「シカゴ気候取引所」の設計に関わる企業などの当事者のメンバーには、中西部の現況がよく反映されている。三五法人とＮＧＯ（非政府組織）など四団体の合計三九当事者のうち、企業ではエネルギー関連の企業が圧倒的に多く、四九％（一九社）を占めている。次に多いのが森林関連の三企業、保険関連の三企業である。他の企業は仲買ブローカー、科学、自動車、インテリア製品、半導体、環境などだ。興味深いのは、エネルギー関連の企業の中に、地熱、バイオマスなどから発電する超小型発電タービンの開発会社や、リサイクル施設を所有する廃棄物管理サービス企業、廃棄物（ゴミ）埋め立て処理地から発生するガスを開発する企業が参加していることだ。また企業ではＢＰ、デュポンなどの多国籍企業の参加も見逃せない。企業以外では、農業関係の三団体のほかに、環境ＮＧＯの参加が目を引いている。（別表『シカゴ気候取引所』の設計に参加した企業などの当事者」を参照）

NAFTA下でアメリカ、カナダ、メキシコの排出量取引も

こうした「シカゴ気候取引所」創設の動きと並行して、アメリカの企業やNGOは、カナダ、メキシコと協力して北米自由貿易協定（NAFTA）の後援の下に、二酸化炭素（CO_2）の排出量取引制度の設立に向け動き出している。この計画に最も意欲的に取り組んでいるのは、アメリカの「持続可能なエネルギーのためのビジネス会議（BCSE）」とNAFTAの下部機関「環境協力委員会（CFC）」である。BCSEのマイケル・マービン議長は「われわれはカナダ、メキシコと経済的に非常に関係が密接なので、排出量取引制度の設立は理にかなっている」と言う。

NAFTAは、アメリカとカナダ、メキシコが一九九二年に調印、九四年に発効した三国間の自由貿易協定で、一五年間で域内のほとんどの関税、非関税障壁、投資規制の撤廃を目指している。これら三国による排出量取引制度の実現に向けては、二つの重要な問題がある。第一は国内の法規制度が三国によって異なることだ。第二は「京都議定書」に対するカナダとメキシコのコミットメントが異なることである。カナダは議定書に従い温室効果ガスの削減を約束している。メキシコは議定書では発展途上国グループに入っていて、削減の義務がない。しかしCFCによると、これら三国で火力発電所が新たに稼動すれば、火力発電所はアメリカとカナダでは大気汚染物質の最大の排出源であり、メキシコでも大排出源でもあることから、北米の大気汚染の悪化は避けられない。アメリカの場合、電力部門から窒素酸化物（NO_X）の約二五％、CO_2の三

五％、また二酸化硫黄（SO_2）の七〇％が排出されている。

多くの企業はすでに政府の認可を得ずに温室効果ガスの削減に乗り出している。さらに少なくとも四つのNGOが米国内の最大手の企業数社と組んで、温室効果ガスの削減計画を実施に移している。環境NGO「環境防衛」は、「気候行動のためのパートナーシップ」を設立し、気候変動の世界的な解決策を開発する事業に取り組み始めた。この会員にはBP／シェル、デュポンをはじめ、ペネックス・オブ・メキシコ、サンコア・エネルギー、アルカンといった大手企業が名を連ね、「京都議定書」と同じ削減目標を設定している。

前記CFCの通商・経済計画の責任者スコット・ボーガン氏は「NAFTAの下で排出量取引事業を行うために必要な法律上の問題を解決し、三国で異なる排出目録作成の標準化を図りたい。われわれは企業と協力して大陸規模の取引システムを創設するだろう」と語っている。

世界ですでに始まった排出量取引、年間二〇〇〇億ドルの巨大市場化も

一連のこうしたアメリカの動きとは別に、世界では企業が自社の排出量を削減しようと、排出クレジットがまだ安いうちにそれを買い込む動きが活発化している。エネルギーと環境部門の取引で世界的なブローカー業を営むナットソース社が二〇〇一年八月に公表した調査結果によると、一九九六年から九七年にかけて温室効果ガスの排出量取引市場が出現して以来、世界中の企業の間で少なくとも六〇回の取引が行われ、総量五五〇〇万トン（二酸化炭素＝CO_2＝換算トン、以下同じ）の排出量が取引された。調査は世界銀行の依頼で行わ

れたもので、ナットソース社は、この取引総額は一億ドル（当時の円換算で約一一〇億円）に達すると推定している。この排出量調査にあたり、ナットソース社はほとんどの排出量取引をエンジニアリング会社や会計事務所などの第三者に検証させている。取引開始以来の取引価格は、一トン当たり〇・六ドルから三・〇ドルだった。

温室効果ガスの排出量取引市場は今後、ますます成長し、世界的な巨大市場に膨らむ可能性が高い。その市場規模について、例えば、ドイツ銀行は年間一五〇〇億ドル（現在の円換算で約一九兆五〇〇〇億円）、またナットソース社は年間二〇〇〇億ドル（同約二六兆円）にものぼる巨大市場へ拡大すると予測している。世界経済の牽引力となる目ぼしい商品が乏しくなった現在、温室効果ガスの取引市場が世界的に脚光を浴びそうな情勢となってきたのは、何とも皮肉なことである。しかし、すでに欧州連合（EU）や日本などは、アメリカ抜きでも「京都議定書」を発効させ、世界的な排出量取引市場をスタートさせようとしているから、アメリカ企業にとっては決して穏やかなことではないのだ。

2 CO_2以外の排出量取引の歴史

アメリカはすでに二酸化硫黄（SO_2）の排出量取引で実績

しかし、排出量の取引市場については、もともとアメリカには大きな実績がある。一九九〇年代初めから酸性雨の主要原因である二酸化硫黄（SO_2）の排出量取引をはじめ、SO_2の排出量を減らし、酸性雨の緩和に成果を上げているからだ。このSO_2排出量取引のやり方を考えだしたのが、「シカゴ気候取引所」の設計を担当した件《くだん》のリチャード・サンドア博士なのである。サンドア博士は、シカゴ商品取引所におけるSO_2排出量のスポット、先物市場を開拓した。米国内の公益企業は、一九九〇年からSO_2の排出量取引を開始して以来、約一〇年間にSO_2排出量を二九％削減することに成功している。

このSO$_2$の排出量取引が、地球温暖化問題に対処する上で、アメリカの政策決定者に一つの貴重な教訓をもたらしている。SO$_2$の排出量取引は、温室効果ガスの排出量取引でも、企業に対し市場志向で、しかも費用効果の高い取引モデルとなるからだ。「京都議定書」が定める温室効果ガス削減の国際的な取り組み（京都メカニズム）も、まさにこのSO$_2$の排出量取引市場と同じ理論に基づいているのである。

アメリカでは一九八〇年代に、東部を中心に酸性雨問題が重要な環境問題の一つとしてクローズアップされた。酸性雨は、火力発電所や工場から大気中に排出されるSO$_2$と窒素酸化物（NOx）によって引き起こされる。アメリカの「排出量取引教育イニシアチブ」が発行する『排出量取引ハンドブック』によると、米連邦議会は「国家酸性雨評価プロジェクト」の下に一〇年間にわたり科学的な調査を行い、酸性雨対策としてまず火力発電所のSO$_2$排出量の五〇%削減とNOxの大幅削減を決定した。米連邦議会はこの決定の下に一九九〇年に「修正大気浄化法」を可決してこれら大気汚染物質の排出量目標を設定し、従来のSO$_2$排出量の規制方法を大幅に変更した。この修正法に基づき、米環境保護庁（EPA）は国内の主要な公益事業に対しSO$_2$排出量を制限する排出枠を割り当て、この排出枠を売買するメカニズムを創設するよう指示した。だが環境保護庁は、SO$_2$排出量の削減方法については指示をせずに、単なる目標を設定するに留め、目標を達成する上での最善の対策は市場の決定に任せた。法律をタテに強制的に削減させるよりも、人間の欲望の一つである損得勘定の下心をくすぐったほうが、実効が上がると判断した訳だ。

アメリカでは、排出量マーケッティング協会と環境防衛基金が排出量取引を普及させるため、共同でこの「排出量取引教育イニシアチブ」（ミルウォーキー市）を設立し、社会の啓発に努めている。その資料によると、この酸性雨対策プログラムは、SO_2の排出枠を年間八九五万トンに設定し、排出量の削減を二段階に分けて実施に移した。第一段階は、一九九五年から最も排出量の多い電力会社の火力発電所を対象に行われた。第二段階は、二〇〇〇年から対象をすべての電力会社へ広げ、排出量を一〇年前の水準の半減、あるいは年間八九五万トンの排出枠まで削減することを義務付けている。

酸性雨対策プログラムに参加した企業は、まず環境保護庁の「排出枠追跡システム（ATS）」に登録し、排出量の取引状況について追跡を受ける。取引所に上場されている株式の取引は専門家によって行われているが、排出量取引は店頭取引で、買手と売手が直接取引する。この店頭排出量取引には、相対取引、ブローカーを介して行う取引、排出枠の競売（年に一回）で排出枠を購入する取引といった三つの方法がある。取引が成立すれば、契約を交わして、排出枠と現金を交換することになる。契約は標準化した事務手続きに簡素化されており、売手が買手に「排出権移転状（ATF）」を引き渡せばよい。

酸性雨対策プログラムが計画された当時は、果たしてSO_2の排出量取引市場が機能するのか不安があったため、修正大気浄化法では市場活性化対策として排出枠の競売制度を導入した。この競売は毎年一回、三月にシカゴ商品取引所で行われている。環境保護庁は、総排出枠の二・八%を特別準備排出枠として蓄え、排出量削減の第一段階（年間の排出枠割当五七〇万トン）で年間一五万トンの排出枠を、また第二段階（同八九五万トン）で年間二五万トンの排出枠をそれぞれ競売に割り当てることが出来るようになっている。

こうして、SO_2を大量に排出する火力発電所側は、いくつかの選択肢を持って、排出量の削減に臨むことが可能となった。これらの選択肢は、汚染物質を削減する装置の据え付け、SO_2排出量の多い石炭から少ない天然ガスへの燃料の転換、他企業からの余剰排出クレジットの購入などだ。設備の改善や燃料の転換によって、その分余った排出クレジットを売れば、掛けた費用を回収するだけでなく、さらに利益を上げることも出来る。

二酸化硫黄（SO_2）の排出量（権）取引は一九九五年に完全に軌道に乗り、窒素酸化物（NO_X）の取引もさらに数年後に動き出した。SO_2排出量の取引価格は二〇〇一年現在、一トン当たり約二〇〇ドル（当時の円換算で約二万二〇〇〇円）であり、一口二五〇〇トン単位（約五〇万ドル＝五五〇〇万円）で売買されている。これに対して、二酸化炭素（CO_2）の排出量取引価格は、一トン当たり一ドルから五ドル程度であり、SO_2に比べ、まだ格段の割安となっている。しかし、ブッシュ政権がCO_2の排出量取引を認めれば、CO_2の取引価格が急騰するとみられている。

環境保護運動家の結婚プレゼントに、SO_2排出クレジットを贈呈する者も

大口の取引先は公益企業とエネルギー企業であるが、中には例外もある。例えば、ニューヨークの金融街ウォールストリートのブローカー企業「カントア・フィッツジェラルド」では、環境保護運動家の夫婦の結婚プレゼントに、お金持ちの後援者がSO_2の排出クレジット（一トン相当分）を贈る仲介をしたり、また退職者への記念品として金製の腕時計の代わりに、SO_2の排出クレジットの贈呈を望む環境保護グループにその購入を仲介している。ウォールストリートの商事会社には、このSO_2の排出量取引の専任担当者を配置

している会社もある。例えばヒューストンに本社のある商事会社のある社員は、二〇〇〇年に六億六八〇〇万ドル（当時の円換算で約七三五億円）相当のSO_2の排出量を取引したと言っている。これに、契約時の値段で期間内に売買可能な選択権付き取引や先物取引を含めれば、ざっと前掲の総額の数倍に達するという。ちなみに、SO_2排出クレジットの取引は、特権付きでも、売買両建てでも、値幅付き混合選択権付きの取引でも、何でもお客の要求に応じるというから、今やSO_2の排出量取引は一般の投機家からみても、決して無視できない段階に到っているとも言える。

SO_2取引で大手火力発電所の排出量は激減、酸性雨は二五％緩和

こうした欲得ずくめの市場取引だけでなく、SO_2の排出量取引が実際に酸性雨の抑制に著しい効果を上げている事実も見逃せない。米環境保護庁は、米国内にある二六三か所の大規模な火力発電所のSO_2排出量を追跡調査した。その結果、これら大手火力発電所の総排出量が、修正大気浄化法が可決された一九九〇年には八七〇万トンだったのが、九四年には七四〇万トンに減少していた。さらにSO_2の排出量取引が始まった九五年の時点には、火力発電所の増設が続いていたにもかかわらず、総排出量は四五〇万トンにまで急激に低下していた。かつて、アメリカの北東部や中部から東部の大西洋岸にかけた広範囲の地域が、酸性雨と湖水の酸性化に悩まされていたが、降雨の酸性度は一九九五年から九九年にかけて二五％も低下したのである。

しかも企業が環境利益に掛ける費用は、当初、予測された費用の一〇分の一以下で済んでいるという。修正大気浄化法が可決される以前に、エディソン電気研究所は、企業が削減目標を達成するため一年間に投入する必要のある費用は年間七四億ドル（当時の円換算で約九六二〇億円）に達すると推定していた。しかし、その後一〇年間にわたる費用について、様々なグループが調査したところ、企業が実際に掛けたその費用総額は年間約八億七〇〇〇万ドルであることが明らかになっている。電力会社が負担する排出量の削減対策費用予測については幅がある。「排出量取引教育イニシアチブ」は、二〇一〇年に酸性雨対策が完全に実施された際には当初、年間四〇億ドルから八〇億ドルと見積もられていたが、最近の予測では年間一〇億ドルに下がっていると指摘している。

ロサンゼルスのスモッグ対策でもSOx、NOxの市場取引

アメリカの酸性雨対策プログラムは、ロサンゼルス地区のスモッグ（大気汚染）対策にも活用されている。スモッグを引き起こす汚染物質の取引は、酸性雨対策プログラムと同様の取引が行われている。スモッグは喘息患者だけでなく、高齢者や子供の健康にも有害だ。ロサンゼルス地区では一九九三年に「地域大気浄化促進市場（ＲＥＣＬＡＩＭ）」を立ち上げ、翌九四年から硫黄酸化物（ＳＯx）と窒素酸化物（ＮＯx）を取引する市場を開設し、三段階に分けて両酸化物の削減を目指している。同地区では火力発電所などの固定排出源から年間四万トンを超す両汚染物質が排出されている。スモッグ対策プログラムを統轄するのはロサンゼルス、

オレンジ、リバーサイドの三郡当局と、南海岸大気保全管理区（サンベルナルディノ郡の一部）で、二〇〇三年までにSＯx排出量の六一％、またＮＯx排出量の七五％削減を目標としている。「排出量取引教育イニシアチブ」によれば、ＮＯxの取引価格は当初、一トン当たり二万五〇〇〇ドルと予測されていたが、最近の取引価格は一トン当たり六四〇ドルから五五六〇ドルになっているという。

地表オゾン対策でも、ＮＯxの排出量取引が二二州へ拡大

酸性雨対策プログラムは、対流圏のオゾン対策にも活用されている。酸素原子（Ｏ）三個から成るオゾン（Ｏ3）は、窒素酸化物（ＮＯx）が揮発性の有機化合物と太陽光で化学反応を起こして出来る。しかし、オゾンは大気中に存在する高度により、善玉にも悪玉にもなる。善玉は成層圏（高度約一五キロから四〇キロ）でオゾン層を形成し、太陽光の有害な紫外線を防ぎ、私たち生物の生命を守ってくれている。悪玉はそれより下層の対流圏（高度約一五キロ以下）にあるオゾンで、肺など呼吸器系疾患などを引き起こす原因物質の一つとして疑われている。悪玉のオゾンは、風に流され、移動するから厄介だ。

『排出量取引ハンドブック』によると、一九九〇年の修正大気浄化法は、この地表オゾンについて「全米大気質基準（ＮＡＡＱＳ）」を設定し、各州に対し地表オゾン対策を実施する計画を策定するよう義務付けた。連邦議会は、まず北東部のコネチカット、デラウェア、メインなど一二州と、コロンビア特別区を対象に「オゾン移動委員会（ＯＴＣ）」を組織させた。ＯＴＣは一九九四年に米環境保護庁と協定を結び、参加一二州と

コロンビア特別区は、窒素酸化物（NO_x）の排出枠取引制度を導入した。これら北東部のその他の州は、メリーランド、マサチューセッツ、ニューハンプシャー、ニュージャージー、ニューヨーク、ペンシルベニア、ロードアイランド、バーモント、バージニアの九州である。この協定の下に、参加一二州とコロンビア特別区にある電力会社、工場などNO_x排出源四六五か所を対象にNO_xの排出量枠を割り当て、一九九八年から酸性雨対策プログラムと同様の排出量取引が開始された。この排出量枠は一九九九年以降が年間二一万九〇〇〇トン、二〇〇三年以降が年間一四万三〇〇〇トンと設定されている。

地表オゾンの長距離移動に対処するため、北東、中、南部の三七州はオゾン移動評価グループを設け、環境保護庁は一九九八年、さらにNO_x排出量の追加削減規則を公布した。この新規則によって、三七州の中でも特に二二州とコロンビア特別区はオゾン移動を制限する対策を義務付けられ、二〇〇三年までにNO_x排出量を年間二八％（一一〇万トン）削減することになった。これら二二州には、前記の北東部一二州のうち九州（メイン、ニューハンプシャー、バーモントの三州は除外）とウェストバージニア州に加え、新たに中部のイリノイ、ミズーリ、ミシガン、インディアナ、ウィスコンシン、ケンタッキーの六州のほかに、南部のアラバマ、ジョージア、ノースカロライナ、サウスカロライナ、オハイオ、テネシーの六州が参加している。

このように、アメリカではすでに大気汚染物質の硫黄酸化物（SO_x）や窒素酸化物（NO_x）の排出量削減対策、さらに地表オゾンの対策でも、市場取引を実施し実効を上げており、温室効果ガスの排出量取引へ取り組む〝迎撃態勢〟は整っているのである。

3 ヨーロッパに広がる排出量取引市場

イギリス、デンマークは排出量取引計画に着手、EUも二〇〇五年から導入

欧州一五か国が加盟する欧州連合（EU）内の動きも急を告げている。デンマーク政府は二〇〇一年一月、いち早く大手電力会社（約一五社）を対象とした二酸化炭素（CO_2）の排出量取引制度をスタートさせた。この取引制度を定めた法律は二〇〇三年十二月末までの時限立法だ。CO_2排出量が割り当てられた年間の排出量枠を超えた場合、電力会社はその超過分一トンに対し、四〇デンマーク・クローネ（約五・四ユーロ）の罰金を支払わなければならない。オランダ政府も近々、同様の取引制度に着手する予定である。さらにスウェーデン政府が二〇〇三年から二〇〇四年ごろにかけ、ノルウェー政府も二〇〇五年までにそれぞれ国内の排出

量取引に着手する計画であり、ＥＵ加盟国の動きは活発化している。

一方、加盟国を束ねるＥＵは二〇〇一年五月に、ＥＵが全体で取り組む排出量取引の枠組みを発表し、実際に二〇〇五年から取引を開始することを宣言した。「京都議定書」でＥＵは、二〇一〇年をめどに温室効果ガスを基準年の一九九〇年と比べ八％削減することを義務付けられている。しかし、現状の成り行きのままでは逆に排出量が四％から六％増え、一二％から一四％の削減を強いられそうだ。ＥＵが排出する温室効果ガスの約八〇％はCO_2が占めている。ＥＵは段階的に域内の排出量取引を進めていく方針であり、まず取引を実行し易い大規模なCO_2の固定排出源から着手することを目指している。

ＥＵが作成した取引枠組みでは、域内一五か国の電力（発電・発熱）、製鉄・製鋼、石油精製、化学産業をはじめ、ガラス、セラミックス、建材（セメントなど）、製紙、印刷（パルプ）産業などに対して、二酸化炭素（CO_2）の排出量を割り当て、これら企業がその割当を超えた場合、余裕のある企業から購入することを義務付けられる。取引枠組みがスタートしてから最初の三年間は試験段階として、各国政府は国内企業に対し排出許可証を発行しない。また、特定企業が適切な排出量の削減努力をしている限り、二〇〇八年までＥＵの取引枠組みの義務を免除する選択肢を与える。さらに、ＥＵの意思決定機関である欧州委員会の承認を得ることを前提として、市場の状況が正当化すれば、特別の排出許可を与える方針である。

ＥＵ全体で排出量取引に取り組めば、費用は五分の一削減可能

「京都議定書」の温室効果ガス削減目標を達成するため、ＥＵはどのように排出量取引に取り組んだら良いのか、二〇一〇年の時点でかかる必要な費用を試算している。まず各ＥＵ加盟国が個々に負担を分担して取り組んだ場合、その年間費用は総額九〇億ユーロ（現換算で約一兆四四〇億円）に達する。しかしＥＵ全体で、産業界の中でもエネルギー供給産業とエネルギー多消費型産業が排出量取引に取り組んだ場合、その費用は年間六九億ユーロ（同約八〇〇〇億円）で済む。つまり、ＥＵ全体のエネルギー供給産業とエネルギー多消費型産業が、CO_2排出量取引に取り組んだ場合のほうが、各国がばらばらに取り組むより、年間費用の約五分の一、金額で二一億ユーロ（同約二三六〇億円）節減できる。

またＥＵ全体で、エネルギー供給産業だけが排出量取引に取り組んだ場合、年間費用は七二億ユーロ（同約八三五〇億円）と多少増える。それでも各国がばらばらに取り組むより費用が格段に安い。このエネルギー産業界の取り組む両ケースの場合、排出量価格はCO_2の排出量一トン当たり約三三ユーロ（同約五三〇〇円）となる。さらに、エネルギー供給産業とエネルギー多消費型産業のほかに、ＥＵ全体で農業、運輸、家電、業務などを含むすべての産業が排出量取引に参加すれば、年間費用は六〇億ユーロ（同約六九六〇億円）で済み、各国ばらばらの取り組みと比べ、年間費用は三分の一（三〇億ユーロ）も節減が可能となる。この場合のCO_2排出量一トン当たりの取引価格は、三二・五ユーロと試算されている。

ＥＵ全体での排出量取引が実現すれば、ＥＵ内の排出量価格が一本化し、個々の加盟国とは関係なく共通の市場での取引が可能となる。CO_2の排出量一トン当たりの取引価格は、経済協力開発機構（ＯＥＣＤ）など別の試算では五ユーロから五八ユーロと予測されているが、ＥＵの試算価格はその中位に位置している。

ＥＵの取引枠組みについて、欧州石油産業連合「ＥＵＲＯＰＩＡ」は、「排出量取引は有益な手段になる可能性があるが、それを受け入れると、炭素製品が制約を受ける。また取引枠組みの柔軟性について懸念している。必ず無節操に適用されるようになる」とコメントしている。また、世界的な環境ＮＧＯ（非政府組織）の「自然基金」は、将来の効果的なシステムの基礎を築く可能性はあるが、企業の削減目標が欠落していると批判している。

さらにイギリス政府は二〇〇一年十一月、世界で初めて国家レベルで実施する排出量取引計画を発表し、翌二〇〇二年四月から素早く計画に着手した。この排出量取引の枠組みは、二〇一〇年までに温室効果ガスを年間二〇〇万トン（炭素換算トン）削減することを数値目標に掲げ、それを実現するための奨励策として、参加企業に対し二〇〇三年ないし二〇〇四年から五年間にわたり総額二億一五〇〇万ポンド（現換算で約四〇〇億円）にのぼる補助金を交付して、計画を促進する。マイケル・ミーチャー環境相は「この排出量取引によって、温室効果ガスの取引分野でイギリスが世界のリーダーの座に就き、イギリスの企業は新規創出市場で幸先の良いスタートを切る」と自画自賛した。さらにミーチャー環境相は「二〇〇五年から始まるＥＵの排出量取引計画とも両立可能であり、二〇〇八年以降、国際的な取引の枠組みができることを期待している」と述べている。

計画では、英国内の企業はそれぞれ独自の排出量削減目標を設定したあと、他の企業と競りによって自社の排出量の割当を入札し、排出量が目標を下回れば、その余った分を他企業に売却したり、あるいは未使用の排出権としてそれを積み立てることができる。逆に、排出量が目標を上回った場合は、他企業から未使用の排出権を購入することも可能だ。

イギリス政府としては当面、エネルギーの生産企業より、むしろエネルギーの使用企業の参加を望んでおり、発電に従事する大手の電力企業には参加資格を与えない方針だ。イギリスでは、政府と産業界の合弁事業である「イギリス排出量取引グループ」がすでに発足している。同グループの責任者ジョン・クレイブン氏は「早目に参加する企業は、今後『京都議定書』で事実上、強制化されることを自発的に経験できる。いま実行に移す企業は将来、利益を得ることになるだろう」と語っている。英政府は今後、さらにデンマークやオランダとも二国間の取引を開始する方針である。政府の排出量取引計画の始動について、英産業連合のディグビー・ジョーンズ事務総長は「ビジネスと環境にとって、良いニュースだ」と歓迎している。

「京都議定書」でイギリスは、二〇一〇年までに温室効果ガスの排出量を一九九〇年と比べ一二・五%の削減を約束している。だが、英政府は独自にCO_2を二〇%削減する目標を掲げている。ミーチャー環境相は「政府の排出量取引計画によって『京都議定書』の目標の一〇%削減が可能なので、温室効果ガス全体（CO_2など六種類のガス）では二三%の削減ができる」と言っている。

排出量取引市場の急展開に対する疑問

このように温室効果ガスの排出量取引の動きが急展開している事態に対して、これで地球温暖化にブレーキをかけることが出来るのか、多くの点で疑問が指摘されている。

既述のように、「京都議定書」では、先進国による温室効果ガスの排出量削減を実行しやすくするため、自国内の削減と森林による吸収（シンク）とは別に、排出量取引、共同実施、クリーン開発メカニズム（CDM）といった三つの国際的な取り組み（京都メカニズム）を認めている。大半の先進国は自国内での削減だけでは排出目標を満たせないので、森林の吸収分に加え、これら三措置の国際的な取引を活用して、削減目標の達成を図ろうとしている。しかし、森林の吸収量がもともと科学的にあいまいなうえ、これら三措置の規定が明確でないため、森林の吸収とこれら三措置の役割が混乱・錯綜して、温室効果ガスの排出量削減という「京都議定書」の最大の目的が霞んできている。

排出量取引はすでに極めて投機的な要素を帯びている。現在の二酸化炭素（CO_2）の排出量一トン当たりの市場価格は六〇セントから二五ドルしており、今後、各国内や国際的な取引市場が開設されると、取引価格は急騰するとみられる。取引価格の急騰は、地球温暖化対策そのものをいっそう投機的な市場経済化へと突き進ませ、地球温暖化を錦の御旗にした先進国本位の〝温暖化経済体制〟が確立することは避けられない。途上国に対する国際的な開発援助機関である世界銀行は最近、各国の炭素排出削減プロジェクトへの投資を対象とした一億四五〇〇万ドル（当時の換算で約一六〇億円）にのぼる基金を創設し、排出量取引を促進しようとしている。ロンドンでは二〇〇〇年十一月に、インターネットのオンラインで温室効果ガスの排出量取引をする企業「CO2e. com」まで登場した。同社ではすでに三五〇万トンに及ぶ排出量取引を仲介したが、排出クレジットの購入者はほとんど北アメリカの人たちだという。

「京都議定書」の規定では、排出量取引は先進国が自国の排出目標を達成するための補助的手段として、先進国同士の取引が認められている。森林の吸収と京都メカニズムの三処置の役割が混乱している好い例は、先進国企業の発展途上国への植林事業だ。例えば、アメリカ最大の自動車製造会社ゼネラル・モーターズ（GM）は二〇〇一年春、環境NGO（非政府組織）ネーチャー・コンサーバンシーの勧めにより、南米ブラジルの水牛牧場によって荒廃した熱帯雨林を再生するための資金として、一〇〇〇万ドル（当時の換算で約一一億円）を拠出した。GMはこの資金を荒廃林地の再植林と熱帯雨林の保全に充てる代わりに、この再植林地が今後四〇年間に吸収するCO$_2$量を手に入れ、自社のCO$_2$排出量と相殺し、全社の排出目標の達成に役立てる計画だ。ネーチャー・コンサーバンシーは一九五一年に設立された環境NGOで、米国内の一二〇〇万エーカーを超す土地の保全に取り組んでいる。

この実例を「京都議定書」に従って整理してみると、先進国が途上国で取り組むクリーン開発メカニズム（CDM）のやり方へ、先進国同士で本来、行うはずの排出量取引のやり方を導入し、また多くの環境NGOが反対している植林事業をCDM事業に組み込んでいることだ。森林の吸収量は測定が確実でないうえ、排出削減量を過剰に見積もり、実際の削減対策をおろそかにするから、多くの環境NGOは、植林などの森林吸収事業をＣＤＭの対象事業から除外するように要求しているのである。

「京都議定書」で削減義務のない途上国の排出枠を取引できるのか

またＣＤＭ事業で厄介なことは、先進国（あるいは先進国の企業）が途上国で事業を行い獲得した排出削減量を、排出量取引を通じて新たに他国（他企業）に売買できる余地が残されていることだ。途上国は「京都議定書」では排出削減の義務を負っていない。だから、もともと削減義務のない途上国の排出枠が先進国の市場で取引されるような可笑しな事態が起こるばかりか、先進国自身の国内削減がさらに手抜きされかねないのである。途上国にとってもっと困るのは、こうしたＣＤＭ事業を通じて、途上国の排出削減量が先進国によってどんどん買い取られていくと、当面は利益をもたらしても、結果として途上国自身の排出枠が少なくなり、経済開発に支障を来たしかねないことだ。

いずれにしても、先進国あるいは先進国の企業にとって、森林吸収を利用したビジネスは、その舞台がどこであるにせよ旨みがある。ロンドンに本社を置く森林管理企業のＳＦＭ社は二〇〇一年春、米モンタナ州の森林地帯に定住するアメリカインディアンの二部族（サリシ、クートネーの二部族）に対し、森林火災で荒廃した林地二五〇エーカーを再生するための資金として、五万ドル（約五五〇万円）を支払った。それと引き換えに、ＳＦＭ社は両部族から四万七九七二トンにのぼる二酸化炭素（CO_2）の排出削減量を手に入れた。この排出削減量は、ここの林地が向こう八〇年間に吸収するCO_2の量に相当する。ＳＦＭ社は、CO_2の排出量一トンの価格が今後七〇ドル以上に上昇すれば、この取引で三〇〇万ドル（現換算で約三億九〇〇〇万円）以上の儲けが転げ込む、と皮算用している。

ＳＦＭ社は、南アフリカの企業家アラン・バーンスタイン氏らが最近、共同設立した企業で、世界各地の森林伐採地の土地利用権を購入し、現地グループと協力して森林を再生する見返りに、CO_2の排出削減枠を手に入れるビジネスを営んでいる。

両部族の森林官トム・コース氏は「今回の取引事業はわれわれの林地のほんの一部を対象にしたに過ぎない。（土地利用権の）購入者にはリスクが伴う。大規模な森林火災が七、八年ごとに発生する傾向があるからだ。われわれは商売になるか見守るため、初めは安く取引することもいとわない。商売が可能となれば、将来はもっと強気の売買をする」と言っている。

この実例は、取引が先進国内であることを別とすれば、前記のＧＭの場合と同じように、吸収量の不確実な森林吸収事業を取引対象としている点は同じだ。もちろん、サリシ、クートネー両部族が最優先で取り組む課題は森林の再生にある。だが、大昔から自然を崇め大切にしてきた森林と、その森林が浄化する空気を今や最も価値のある商品として、損得勘定丸出しで取引せざるを得ないのは、何とも皮肉な出来事と言わざるを得ない。

森林を環境保全に有益な事業として利用することに対する批判は根強い。一部の環境主義者たちは、先進国はCO_2の排出量を削減する代替案として、単に植林をすればいいというものではないと批判している。また、植林事業を通じて見返りに獲得が可能なCO_2排出クレジットに上限を設け、割当を厳しくすべきだとする批判もある。森林吸収と排出クレジットの範囲をどこまで認めるかについては、環境ＮＧＯの中にも異論はある。ネーチャー・コンサーバンシーのマイケル・コーダ気候変動担当理事は、「京都議定書」は植林だけでなく、未伐採の保存林についても排出クレジットを認めるべきだと主張している。米政府は京都議定書から離脱する以前は、この考え方を支持していた。

このように、疑問の多い森林吸収と、京都メカニズムによる国際的な取り組みとが錯綜しているうえに、さらに「京都議定書」採択時における一部先進国の排出削減量に対する甘い算定の仕方が依然、不満となってくすぶっており、議定書を実行する足並みを乱す原因の一つとなっている。「京都議定書」が三四か国の先進国（市場経済移行国を含む）に義務付けた平均五・二％の排出量削減値は、一九九〇年を基準年として算定された。ところが、一九九〇年は旧ソ連が崩壊した翌年であり、ロシア、ウクライナのような国（両国の削減目標値は＋一〇で、二〇一〇年に排出量を削減する必要はない）では、経済活動が停滞し、ＣＯ₂をはじめ温室効果ガスの排出量も低下した。その反面、エネルギー効率が改善されたため、大幅に排出削減量が余り、この余剰分を他国に売ることが可能になった。こうした初めから余っている排出量を「ホット・エア」と呼んでいるが、議定書で市場経済移行国に該当する旧ソ連・東欧諸国からホット・エアを大量に買い入れれば、自国の削減を大幅に少なくできるため、森林吸収と共に、議定書の「抜け穴」として、環境ＮＧＯから批判を浴びているのである。

V

排出量取引の世界経済に与える影響と、アメリカのカウボーイ倫理の崩壊

1　温暖化対策は本当に経済に打撃を及ぼすのか

排出量(権)取引の実施でGDPの低下を防げると読むIPCC

ブッシュ政権の「京都議定書」拒否の裏で、アメリカ企業は二酸化炭素（CO_2）の排出量（権）取引市場の開設へ向けて着々と準備を整えている。排出量取引は実際に世界の経済に対し、どのような影響を与えるのだろうか。「気候変動に関する政府間パネル（IPCC）」の第三作業部会は、二〇〇一年の第三次評価報告書で、「京都議定書」の削減義務を負う先進工業国、市場経済移行国の三四か国を含む計三九か国（うち国際機関二）の間で排出量取引が行われない場合と、行われた場合の二つのケースを想定して、二〇一〇年までに世界経済へ及ぼす影響について試算している。

もし排出量取引が行われない場合は、これら三九か国では二〇一〇年までに国内総生産（GDP）が約〇・二％から二％減少すると予測されている。しかし、排出量取引が行われた場合は、GDPの損失が〇・一％から一％と半分で済むと試算されている。「京都議定書」の排出量の削減目標値を達成するため、各国が国内で炭素一トン（炭素換算トン、以下同じ）の削減に支出する必要のある限界コストは、排出量取引が無い場合、二〇ドルから六〇〇ドル（現換算で約二三〇〇円から七万八〇〇〇円）までとなる。しかし、排出量取引が実施されれば、炭素一トン当たり一五ドルから一五〇ドル（約一九五〇円から一万九五〇〇円）と限界コストは低下する。

市場経済移行国では、多くの国がエネルギー効率の改善によりGDPへの影響を無視できる程度から逆にGDPが数％増加すると見られている。「京都議定書」で排出量の削減義務を負っていない産油国の経済に与える影響について、IPCCは二つの異なった試算をしている。一つは最小コストの試算で、これら三九か国で排出量取引が実施されない場合、産油国のGDPは二〇一〇年までに〇・二％減少し、排出量取引が行われれば、GDPの低下は〇・〇五％以下で抑えられる。もう一つは最大コストの試算で、排出量取引が無い場合、産油国の石油収入は二五％減少し、排出量取引がある場合でも一三％低下するとしている。しかし、化石燃料への助成金撤廃、エネルギー生産国からエネルギー・サービス国へ向けた産業構造改革、天然ガスなど二酸化炭素の排出量の少ないエネルギー源への転換などが行われれば、GDPの低下率をさらに縮小できるとIPCCは見込んでいる。

産油国以外の発展途上国では、先進工業国への輸出が減少し、化石燃料に依存した炭素集約型製品の価格が上昇して、経済に悪影響を受ける可能性がある。それとは正反対に、燃料価格の値下がり、炭素集約型製品の輸出増、先進工業国からの環境に配慮した技術移転がうまく作用すれば、逆に利益を得る可能性も否定できない。

「京都議定書」が発効すれば、アメリカ抜きでも排出量取引によるGDP損失は小さい

それでは二酸化炭素の排出量の多いアメリカ、欧州連合（EU）、日本およびカナダ・豪州・ニュージーランドが、国内で炭素一トン当たりの削減に必要とする限界コストとGDPに受ける影響はどうなるのか。IPCCは、排出量取引が無い場合、マクロ経済でこれら諸国が二〇一〇年までにGDPに受ける損失（中央値）はアメリカが一・二五％、EUが〇・八％、日本が〇・七％、カナダ・豪州・ニュージーランドが一・六％と試算している。またIPCCは限界コスト（中央値）について、アメリカが一八〇ドル、EUが二〇〇ドル、日本が三〇〇ドル、カナダ・豪州・ニュージーランドが一八〇ドルと見積もっている。

排出量取引が行われない場合、最もGDPが減少するのはカナダ・豪州・ニュージーランドで、次がアメリカであり、EUと日本はGDPへの影響は小さい。その反面、最も限界コスト（中央値）が高いのは日本であり、アメリカとカナダ・豪州・ニュージーランドは低い。（別表の『京都議定書』発効に伴う二〇一〇年の主な先進国のGDPに対する影響」を参照）

しかし、「京都議定書」が発効し、排出量取引が実施された場合、アメリカが議定書に参加しようとしまいと、二〇一〇年における各国のGDP損失は約〇・三％以下であり、経済に及ぼす影響は少ないと、環境省

「京都議定書」発効に伴う2010年の主な先進国のＧＤＰに対する影響

それぞれの範囲は、11のモデルによるシミュレーション結果の幅を示す

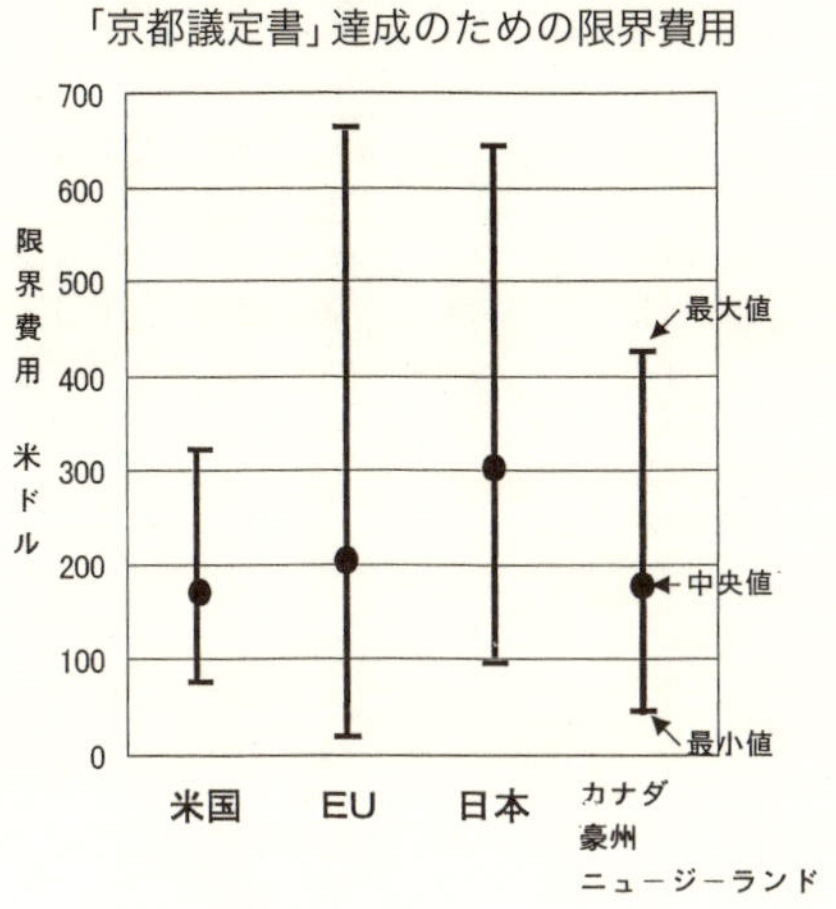

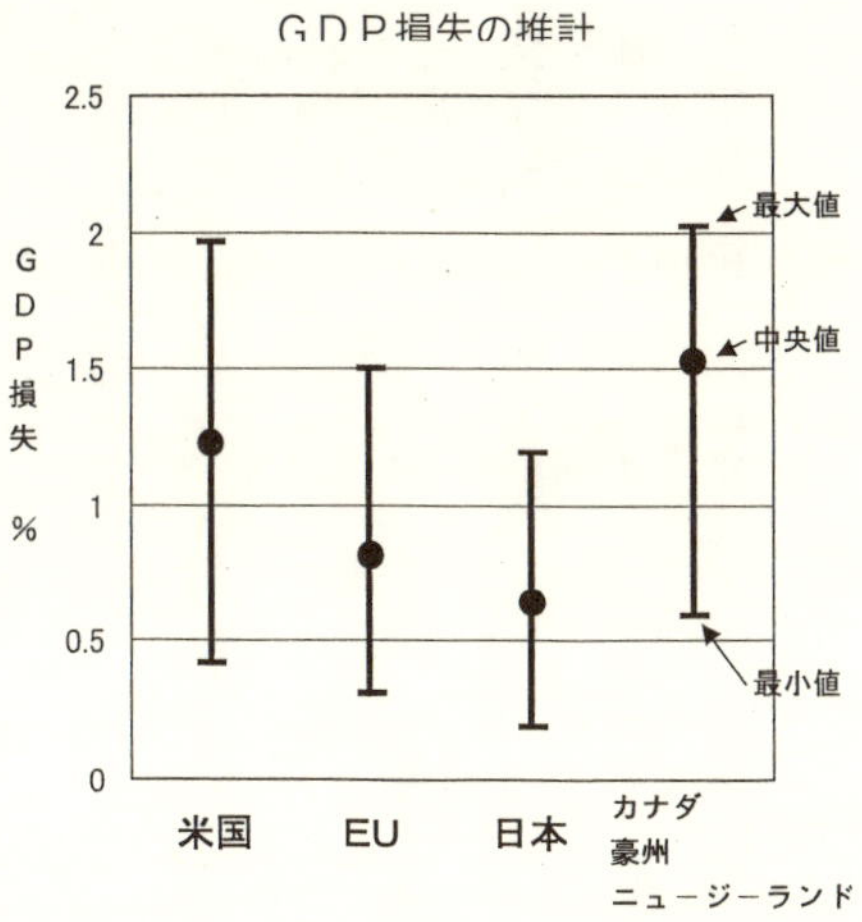

（出所）ＩＰＣＣ第３次評価報告書（第３作業部会）
環境省「地球温暖化防止のための税の在り方検討会」報告書

「地球温暖化防止のための税のあり方検討会」の報告書は予測している。ブッシュ大統領が「京都議定書」拒否の主要な理由に挙げた国内経済への打撃について、同報告書は「アメリカだけが相対的に大きな経済的影響を受けるわけではない」とし、さらに「アメリカが参加しない場合の日本のＧＤＰ損失は、アメリカが参加する場合よりも小さい結果となった」と皮肉な指摘をしている。アメリカが「京都議定書」に参加せず、排出量取引が実施された場合、ブッシュ大統領が期待するようにアメリカのＧＤＰが増加することなどはなく、同報告書は「プラス・マイナス・ゼロ（現状維持）」という厳しい見方をしている。「京都議定書」が発効して、排出量取引が実施された場合にいちばん利益を得るのは市場経済移行国のロシアである。アメリカが参加しなくても、ロシアのＧＤＰは反対に〇・一二％から〇・九二％増加すると試算されている。アメリカが「京都議定書」に参加すればロシアのＧＤＰは一・八％から三・五％増加するから、ロシアにとってはアメリカに参加してもらったほうがさらに利益が増え、得策ということになる。（別表「京都議定書発効に伴う二〇一〇年の各国ＧＤＰへの影響」を参照）

排出量取引はＥＵなどの〝合法的市場〟とアメリカの〝非合法的市場〟の争い

いずれにしても、アメリカが「京都議定書」に参加しなくても、ＥＵと日本はマクロ経済においてＧＤＰの減少にさほど影響がないから、議定書の批准に踏み切ったとも言える。排出量取引市場は「京都議定書」の京都メカニズムの下に、議定書を批准したＥＵや日本を中心に世界的な取引をするのが本道である。ＥＵ

京都議定書発効に伴う2010年の各国ＧＤＰへの影響

ＧＤＰ損失	国際排出量取引に制約がない場合		国際排出量取引に制約がある場合	
	アメリカ参加	アメリカ不参加	アメリカ参加	アメリカ不参加
日本	−0.14%	−0.07%	−0.26%	−0.19%
アメリカ	−0.33%	±0%	−0.31%	±0%
ＥＵ	−0.19%	−0.09%	−0.25%	−0.26%
ロシア	+3.50%	+0.92%	+1.80%	+0.12%

（出所）中央環境審議会地球環境部会「京都議定書を巡る最近の状況に関する懇談会」

の政府サイドによる排出量取引市場の創設の動きに対して、アメリカのほうは現実問題として世界的な排出量取引市場から取り残される可能性があるため、シカゴ市や公益企業、多国籍企業などが「シカゴ気候取引所」を立ち上げ、さらに北米自由貿易協定（ＮＡＦＴＡ）のメキシコとカナダを仲間に入れて対抗しようとしているわけだ。

排出量取引市場について日本政府は水面下ではともかく表立った動きは見せていないが、取引市場の開設に備え海外での再植林と引き換えに外国の排出量を確保しようという動きがエネルギー関連企業などを中心に準備が進んでいる。

二酸化炭素の排出量取引市場は、「京都議定書」を批准した国が参加する取引市場を〝合法的な取引市場〟だとすれば、アメリカのように議定書を批准しない国が行う取引市場は〝非合法的な取引市場〟ということになる。前者の合法的な排出量取引市場が主導権を握り、世界市場を制するのか、それとも後者の非合法取引市場が世界市場を制するのか、さらに両市場の間でうまく立ち回って漁夫の利をしめることが許されるのか、「京都議定書」の発効をめぐり、地球温暖化の緩和対策はいっそう複雑な様相を帯びることになった。

2 限界に至るアメリカ型文明

アメリカの行動論理を支えるフロンティア（カウボーイ）倫理

自由市場経済を標榜する多民族国家のアメリカは一七七六年に独立以来、フロンティア精神によって衝き動かされてきた。アメリカは一八二三年に第五代のモンロー大統領が「モンロー宣言」を発して、欧州とアメリカ大陸との相互不干渉を主張して、欧州の列強の新たな進出を排除すると共に、中米諸国の独立を促し、国際社会におけるアメリカの地位を確立した。以後約一世紀の間、アメリカの基本外交となったこの「モンロー宣言」によって、アメリカは国内の辺境の地だった西部開拓を推進し、フロンティア精神を高揚させた。それは西部から初めて大統領に選出された第七代のジャクソン大統領が民主主義を前進させる原動力ともなった。

アメリカの産業革命は、イギリスの産業革命に遅れること八〇年余りの一八四〇年代からやはり綿工業を中心に始まり、南北戦争の一八六〇年代に国内市場を統一して、二十世紀初めに当時の覇権国家イギリスを追い越す急成長を遂げた。

フロンティア精神は、なるほど勤勉・質実・勇気をはじめ独立心・自由・創造といった進取に富むアメリカ人気質の形成に貢献した。その一方でフロンティア精神は、二十世紀後半に「大量生産・大量消費・大量廃棄」文明をもたらす素地ともなった。アメリカ人気質に一貫として流れるフロンティア精神について、同国の環境倫理学者のシュレーダー=フレチェットは、人間が自然の支配者であり、人間以外の存在は人間が尊重するいかなる権利も持っていないとするユダヤ・キリスト教的思想を拠り所としていると鋭い分析をしている。

西部開拓時代、アメリカの一部のカウボーイたちは原住民のインディアンを弾圧しただけでなく、バイソン（野牛）を絶滅に追い込み、自然環境から一方的に資源を奪い取り続けてきた。シュレーダー=フレチェットは「新しい領土と大陸の富を搾取していった人たちは通常、高貴で勇敢な人物とみられた」と述べ、「彼らは〝野生〟で〝野蛮〟な者を支配するための〝聖戦〟を戦っているとしばしば信じられていたし、その行為の多くは急速な経済的拡張と物資の生産増大をするという人間の目標にかなっていた」と指摘している（『環境の倫理（上）』シュレーダー=フレチェット編、京都生命倫理研究会訳、晃洋書房刊）。アメリカでは、一九六〇年代初めに改めて「ニューフロンティア」を掲げたケネディ大統領（第三五代）をはじめ、多くの大統領がこうした精神に従って行動してきたし、第四三代のブッシュ現大統領をはじめ、今なおそれを信じてやまない人が多い。

消滅した地理的なフロンティア（辺境）を科学・技術で追い求める

西部開拓時代、東部の文明地域と西部の未開拓地域の境界線をフロンティア（辺境）と言い、西部の開拓が進むに従い、フロンティアは西へ移動したのである。この延長線にあるアメリカのフロンティア精神は、地球上に豊富な資源と無限なフロンティア（辺境）が存在する限り有効なのであり、人間の繁栄と経済的発展を生み出すために大地（地球）から搾取する、いわゆる「カウボーイ倫理」がうまく機能するのである。しかし、地球上の資源の枯渇が懸念され、開発できるフロンティアが無くなった今、量的拡大を基調とするカウボーイ倫理は成立し難いし、いずれ破綻を来たすのはだれが見ても明らかである。

それでもなお、こうしたカウボーイ倫理の信奉者たちは、フロンティアの追求をやめようとはしない。シュレーダー＝フレチェットによれば、彼らは（地理的なフロンティアの限界に対して）「科学至上主義」に活路を見いだし、たとえ資源に限りがあっても、科学・技術がいずれ資源の枯渇と環境汚染を解決する対策を考え出してくれると期待して、なおフロンティアを追求し続けることが可能だと信じ込んでいる、というのである。まさにブッシュ大統領の「京都議定書」離脱と技術開発による地球温暖化対策は、この「科学至上主義」とカウボーイ倫理をすり替えた図式にほかならない。

アメリカは、現実の地理的なフロンティア（辺境）を空想と現実の入りまじった科学・技術の世界に追い求め、インターネットなどの情報技術（ＩＴ）、遺伝子操作などのバイオテクノロジー（生命工学）、超ミクロのナノテクノロジー開発へと、過剰なまでますます科学・技術への依存度を高めている。かつてはＳＦの物語に過ぎなかったテラフォーミング（惑星の地球化）計画でさえ、真剣に具体化が検討され始めている。テラフォーミング計画は、地球の環境破綻に備え、隣の〝赤い惑星〟火星を地球化して移住しようというのだ。火星への頻繁な無人探査機の打ち上げや、火星から飛来したという微生物の痕跡の残った隕石、火星の地下に大量の水が凍結して存在するといった科学者の発表など、すでに世論喚起が始まっている。かつてケネディ大統領が「ニューフロンティア」を象徴する一大事業として一九六〇年代末までに人間を月に送り込むと宣言したように、科学・技術依存症のカウボーイ倫理の信奉者たちにとっては、有人火星飛行計画はまた格好の材料でもあるのだ。一見、荒唐無稽とも見えた有人月着陸飛行（アポロ計画）は、旧ソ連というライバル国との競争に刺激され一九六九年に実現した。アポロ計画はシステム工学を確立し、その後のコンピューター・エレクトロニクス産業を発展させる牽引役を果たした。このような成果がアメリカの飽くなき科学・技術信奉の強い自信となっていることは間違いない。

人間は自然の支配者ではなく、エコシステムの一員に過ぎない

しかし地球環境問題は、ブッシュ大統領が推進するような科学・技術開発に依存し過ぎたやり方ではとうてい解決は不可能である。なぜなら大統領は、人間を自然の支配者の地位に置き、科学・技術を駆使すれば

地球環境でさえ制御し管理が可能だという科学・技術の信奉主義の考え方に立脚しているように見受けられるからだ。大気や水質、土壌の汚染、地球温暖化、森林の減少と砂漠化、生物多様性の劣化など、枚挙の暇がない地球環境の悪化状況から見れば、地球自体があらゆる生物と、それを取り巻く空気や水、土、気象といった非生物の環境とが相互に密接に関係し合って、一つの有機体として機能していることは明白である。地球を一つのエコシステム（生態系）として捉えれば、人間は決して自然を支配する特別な存在などではなく、エコシステムを構成する単なる一メンバーに過ぎないという、客観的で冷静な判断が導き出される。むしろ、こうしたエコロジーの考え方に立てば、「大量生産・大量消費・大量廃棄」文明のあり方について謙虚に根底から問い直し、環境と経済を両立させる「持続可能な開発（発展）」に取り組む対策を講じやすい。

空気まで投機対象とした現代文明の再考を

頑なにカウボーイ倫理に固執し、科学・技術に依存し過ぎることは、かえってエネルギーなどの資源や労力の損失を大きくする。哲学者イヴァン・イリイチは、著書『エネルギーと公正』で、人間の消費水準が上昇したからといって、必ずしも生活の質が高くなるというわけではないと現代人の矛盾を衝いている。イリイチによれば、典型的なアメリカ人が自家用車のために費やす時間は年間一六〇〇時間以上にのぼり、平均七五〇〇マイル（約一万二〇〇〇キロ）走行している。だが、アメリカ人の車による一時間当りの移動距離は五マイル（約八キロ）にも満たない。大半が車もガソリンも使えない国の人だって、どうにか五マイルくらいは移動している。イリイチは時間を予算に譬え、アメリカ人は〝時間の予算〟の二八％も交通に費やしているが、こうした国の人たちは三％から八％に過ぎない、と指摘している。現在、多くの日本人は携帯電話やインターネットの多用を自慢している。これだってエネルギー（電力）の消費量を増やす原因になっており、単に〝道具〟を使うだけでは、車と同様に、時間の予算を食いつぶしているに他ならないのである。

世界でいちばんエネルギーを消費するアメリカ人の一人当たりの二酸化炭素（CO_2）排出量は、発展途上国の約一〇人分に相当する。イリイチは、世界のエネルギーの成長は公平性を犠牲にして達成されており、公平な社会の実現のためにはエネルギー使用量の上限を設定すべきだ、と言っている。そのアメリカは、途上国が参加しない議定書は〝不公平〟だと主張し、「京都議定書」を離脱したうえ、独自に二酸化炭素の排出量を取引する国内市場を開設しようとしているのである。二酸化炭素は私たちが呼吸する空気（大気）の主成分の一つであるが、私たち人間は生きていくうえで絶対欠かせない環境の三つの要素（土地、水、空気）を、これですべて市場取引（売買）の対象としてしまった。アメリカではすでに大気汚染物質の硫黄酸化物（SO_X）や窒素酸化物（NO_X）の排出量取引まで実施している。

カウボーイ倫理が度を越し、エゴイズムの塊と化したアメリカに反省を促すと共に、広く私たち現代人も、空気まで売り買いし投機の対象とするまでに到った滑稽な浪費文明のあり方を根底から真剣に考え直してみなければなるまい。

二十一世紀のフロンティアは、アメリカのように市場経済と科学・技術を偏重し過ぎた人間中心主義の浪費文明を追い求めるのではなく、危機に瀕するエコシステム（生態系）を守り、環境を損なわない範囲で経済開発をする生命中心主義の文明を新たに追求し、それを構築することにこそあるのである。

おわりに

ニューヨークから訪れたアメリカ人の友人から「日本人の表情はみんな何故こんなに暗いのか」と言われて、ドキッとした。人の表情は如実に内面を映し出す。日本人の平均した表情まで左右する原因があるとすれば、長期化した不況に他ならない。日本ではモラルや治安も悪化しており、私は経済活動の動向がこうまで人間の内面から外面、行動にまで影響を及ぼすのか、現代文明の病根の深さを改めて痛感した。

その経済は、世界あまねく浪費と使い捨てに支配されており、現代文明はその上に成り立っている。地球の資源が枯渇に向かっているというのに、その悪循環に対し一向に歯止めがかからない。皮肉な見方をすると、アメリカ人の表情が日本人と比べ明るいとすれば、浪費と使い捨て経済の悪循環がまだ機能し、回転しているからかもしれない。浪費文明の終着駅である廃棄物（ごみ）処理対策として、リサイクル（資源の再生利用）がもてはやされている。しかし、このリサイクル自体が「資源はリサイクルできるのだから、消費を抑えなくても大丈夫」といった安易な風潮を煽り、逆に廃棄物を増やす結果を招いている。廃棄物対策は、リサイクルよりもリデュース（発生抑制）、つまり浪費経済の抑制が第一に重要なのだ。

毎日一万トンの家庭ごみを出すニューヨーク市では、同市フレッシュキルにある世界最大の廃棄物処理場が満杯となり、周辺の自治体で廃棄物を処理してもらっている。同市では、廃棄物を三種類の容器に分けて回収を始めた。第一はグリーンの回収容器で、主にコンピューター用紙、ボール紙、新聞・雑誌などの紙類が対象。第二はブルーの回収容器で、主に缶類やプラスチック製ボトル、ミルクやジュースの紙製容器などが対象。第三はグレーの容器で、主に電池や電球、ペーパータオルやナプキンなど非リサイクル物質が対象だ。しかし、この分別は品目別で材質別ではないので、廃棄物によってはガラスやプラスチック、金属など後者の二容器のどちらに捨てていいのか判らず、リサイクル効果が疑問視されている。

二十世紀の浪費経済を抑制するため、「ヨハネスブルク地球サミット」が、世界各国に対し改めて実現を促すスローガン「持続可能な開発（発展）」は、一〇年前の「リオ地球サミット」と同じように、環境と経済を両立させるために目安となる世界的な統一基準が示されていない。地球環境の対策問題は、地球温暖化対策を軸に新たな展開を見せ始めている。しかし、「京都議定書」が今後、ロシア、カナダ、豪州などの批准によって発効しても、世界全体の温室効果ガスの排出量は、アメリカの「京都議定書」離脱による今後の排出増加分、さらに発展途上国の排出量の増加分を加えれば、議定書批准国の排出削減分を相殺してしまい、温暖化自体が緩和される見通しはほとんど無いのが実情だ。リオ地球サミットの開催時点よりただでさえ悪化している地球環境を、さらに悪化させる新たな火種をまいたアメリカの責任は重大である。それでなくとも、二酸化炭素（CO_2）の排出量（権）取引が、浪費文明を加速化する市場経済の目玉の取引商品として本格的に動き出す。二十一世紀の世界は、科学・技術至上主義と市場経済を両輪とした未知の文明に足を踏み入れ、資源の枯渇を背景にいっそう混迷を深めそうだ。

地球環境問題と文明のあり方について取り組む筆者が、地球温暖化問題について一九九七年に『地球温暖化とCO_2の恐怖』を藤原書店から刊行してから早くも五年の歳月が流れようとしている。筆者がすでに刊行した同書をはじめ、続く『地球温暖化は阻止できるか【京都会議検証】』（編著、一九九八年）、さらに『新・南北問題――地球温暖化からみた二十一世紀の構図』（二〇〇〇年）の三冊（いずれも藤原書店刊）を、本書と併せて一読頂ければ幸いである。本書では、できる限り新しいデータを取り込み、地球温暖化を一つの窓口として、現在、地球環境が抱えている諸問題について、科学・技術、社会、経済、政治分野だけでなく、さらに環境倫理の視点を踏まえ、広く文明のあり方を捉えるよう努めた。本書の執筆にあたり、日本の環境省、国際連合、気候変動に関する政府間パネル（IPCC）、ホワイトハウス、米国務省、米エネルギー省をはじめ内外の関係機関、関係者に広くお世話になった。特に近藤洋輝・気象研究所気候研究部長、森田恒幸・国立環境研究所社会環境システム研究領域長、佐藤力・博報堂アイ・オー印刷部長、地球産業文化研究所（GISPRI）、アメリカの排出量取引イニシアチブに謝意を表したい。

最後に、未熟な筆者の地球環境、特に地球温暖化問題への取り組みを、根気よく見守っていて下さる藤原書店の藤原良雄社長に心から感謝を申し上げたい。また本書の編集に携わり助言を受けた刈屋琢氏、同書店PR誌『機』担当の西泰志氏にお礼を申し上げたい。

二〇〇二年七月一日

さがら邦夫

National Energy Policy/Reliable, Affordable, and Environmentally Sound Energy for America's Future (Report of the National Energy Policy Development Group/May 2001)
Not in the Refuge (The Washington Post/May 21, 2001)
On Politics Political News (Washingtonpost. com/2001)
『世界の統計2001』（総務省統計局統計研修所編／平成13年3月15日）
「Emissions Trading Education Initiative 排出量取引ハンドブック」（発行：Emissions Trading Education Initiative／地球産業文化研究所（ＧＩＳＰＲＩ）仮訳／1999年）
『環境保護と排出権取引』（経済協力開発機構（ＯＥＣＤ）編、小林節雄・山本壽訳／技術経済研究所刊／2002年3月10日）
環境省「地球温暖化防止のための税の在り方検討会」報告書（環境省／平成12年10月）
『環境の倫理（上）』（シュレーダー=フレチェット編、京都生命倫理研究会訳／晃洋書房刊／1996年5月15日）
『自然の権利』（ロデリック・Ｆ・ナッシュ著、松野弘訳／筑摩書房刊／1999年2月10日）
「地球温暖化――ＩＰＣＣの最新レポートとその含意」（国立環境研究所社会環境システム研究領域長・森田恒幸／日本記者クラブ研究会／2001年6月8日）

STATE INTERNATIONAL INFORMATION PROGRAMS/June 6, 2001)
Climate Change Review Initial Report (Whitehouse/June 11, 2001)
「(和訳) 気候変動レビュー (初期報告)」(地球産業文化研究所 (ＧＩＳＰＲＩ) ／2001年)
The Lessons of Kyoto (MIT Sloan Management Review/Winter 2002)
Bush Announces Climate Change, Clean Air Initiatives/Plans aim to reduce greenhouse gases, and other pollutants (U. S. DEPARTMENT OF STATE INTERNATIONAL INFORMATION PROGRAMS/February 14, 2002)
Fact Sheet : White House Unveils Two Environmental Initiatives/Plans reduce power plant emissions, and greenhouse gases (U.S. DEPARTMENT OF STATE INTERNATIONAL INFORMATION PROGRAMS/February 14, 2002)
Bush unveils Global Warming Plan (The Washington Post/February 15, 2002)
Clear skies for US, gloom for Kyoto (The Guardian/February 15, 2002)
Bush offers "greenhouse gases" plan (REUTERS CO. UK/February 15, 2002)
Bush's plan won't do a thing to halt global warming (The International Herald Tribune/February 16, 2002)
Russia welcomes US moves on global warming, urges cooperation (The Financial Times/February 20, 2002)
U. S. needs Firm Curbs on Carbon Dioxide Emissions (The Newsday/February 20, 2002)
The Bush Plan : Kyoto-lite (The Chicago Tribune/February 20, 2002)
Weak on Global Warming (The Moscow Times/February 21, 2002)
BUSH CLIMATE PROPOSAL A BIG DISAPPOINTMENT OVERSEAS (U. S. DEPARTMENT OF STATE INTERNATIONAL INFORMATION PROGRAMS/February 21, 2002)
HOW MUCH is ENOUGH? The Worldwatch Environment Alert Series (Alan T. Durning / W. W. NORTON & COMPANY/1992)
『アメリカ環境法』(ロジャー・W・フィンドレー、ダニエル・A・ファーバー著、稲田仁士訳／木鐸社刊／1999年2月10日刊)
『衰退するアメリカ 原子力のジレンマに直面して』(アラン・E・ウォーター著／高木直行訳；日刊工業新聞社刊／1999年3月27日)
『ＵＮＤＰ国連開発計画 人権と人間開発 (HUMAN DEVELOPMENT REPORT 2000)』(発行：国際協力出版会／発売：古今書院)
REMARKS BY THE PRESIDENT TO CAPITAL CITY PARTNERSHIP／River Center Convention Center St. Paul Minnesota／The National Energy Policy Report (THE WHITE HOUSE Office of the Press Secretary／May 17, 2001)

参考文献一覧

JOHANNESBURG SUMMIT 2002, WORLD SUMMIT ON SUSTAINABLE DEVELOPMENT 26 AUGUST-4 SEPTEMBER 2002 (UNITED NATIONS)

『アジェンダ21実施計画（'97）――アジェンダ21の一層の実施のための計画』（環境庁・外務省監訳／エネルギージャーナル社刊／1997年12月1日）

『日本気象学会2000年春季大会シンポジウム《21世紀の気候変化――予測とそのもたらすもの》の報告』（近藤洋輝ら３人／日本気象学会／2000年10月31日）

EARTH SUMMIT 2002, A New Deal Edited By Felix Dodds with Toby Middleton (Earthscan Publications Ltd, London : Sterling, VA/2001)

JOHANNESBURG SUMMIT 2002, Press Summary of the Secretary- General's Report On Implementing Agenda 21 (UNITED NATIONS/2002年)

『京都議定書の評価と意味』（マイケル・グラブ、クリスティアン・フローレイク、ダンカン・ブラック共著、松尾直樹監訳／省エネルギーセンター刊／2000年11月21日）

『気候変化2001　ＩＰＣＣ地球温暖化第３次評価報告書――政策決定者向け要約』（ＩＰＣＣ編、環境省地球環境局監修／気象庁・環境省・経済産業省・地球産業文化研究所共訳）

KYOTO PROTOCOL STATUS OF RATIFICATION (CLIMATE CHANGE SECRETARIAT/2002年)

Text of a letter from the President to Senators Hagel, Helms, Craig, and Roberts (White House President George W. Bush/March 13, 2001)

Press Briefing by Ari Fleischer (White House President George W. Bush/March 28, 2001)

Press Conference by the President (White House President George W. Bush/March 29, 2001)

Joint Statement by President George W. Bush and Chancellor Gerhard Schroeder on a Transatlantic Vision for the 21st Century (White House President George W. Bush/March 29, 2001)

Leading Climate Scientists advise White House on Global Warming (National Academies of Science Press Release/June 6, 2001)

National Academy of Science Issues Report on Global Warming (U. S. DEPARTMENT OF

著者紹介

さがら邦夫（さがら・くにお）

科学ジャーナリスト。常磐大学で地球環境論，技術移転論などを教えている。本名・相良邦夫。

1940年東京に生まれ，神奈川に育つ。上智大学文学部卒業，新聞社に入社。外報部ニューヨーク特派員を経て，科学部長，早稲田大学アジア太平洋研究センター特別研究員などを務める。

著書に『地球温暖化とＣＯ$_2$の恐怖』（1997）『地球温暖化は阻止できるか――京都会議検証』（編著，1998）『新・南北問題』（2000，以上藤原書店）ほかに共著書『ルポ・アメリカＮＯＷ』（1982）『日本・ハイテク最前線』（1987）『新・日本名木百選』（1990），共訳書にビル・Ｄ・ロス『硫黄島――勝者なき死闘』（1986）Ｂ・イーズリー『性からみた核の終焉』（1988）Ｃ・ロス『エイズ，死ぬ瞬間』（1991）などがある。

地球温暖化とアメリカの責任

2002年７月30日　初版第１刷発行©

著　者　さがら邦夫

発行者　藤原良雄

発行所　株式会社 藤原書店

〒162-0041　東京都新宿区早稲田鶴巻町523

電　話　03（5272）0301

ＦＡＸ　03（5272）0450

振　替　00160-4-17013

印刷・製本　美研プリンティング

落丁本・乱丁本はお取替えいたします

定価はカバーに表示してあります

Printed in Japan

ISBN4-89434-295-2

「南北問題」の構図の大転換

新・南北問題

〔地球温暖化からみた二十一世紀の構図〕

さがら邦夫

六〇年代、先進国と途上国の経済格差を俎上に載せた「南北問題」は、急加速する地球温暖化でその様相を一変させた。経済格差の激化、温暖化による気象災害の続発――重債務貧困国の悲惨な現状と、「IT革命」の虚妄に、具体的数値や各国の発言を総合して迫る。

Ａ５並製　二四〇頁　**二八〇〇円**
（二〇〇〇年七月刊）
◇4-89434-183-2

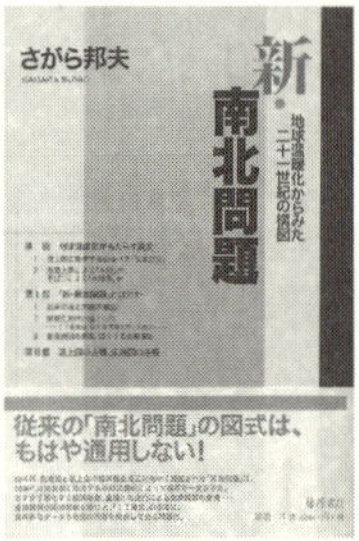

最新データに基づく実態

地球温暖化とCO_2の恐怖

さがら邦夫

地球温暖化は本当に防げるのか。温室効果と同時にそれ自体が殺傷力をもつCO_2の急増は「窒息死が先か、熱死が先か」という段階にきている。科学ジャーナリストにして初めて成し得た徹底取材で迫る戦慄の実態。

Ａ５並製　二八八頁　**二八〇〇円**
（一九九七年一一月刊）
◇4-89434-084-4

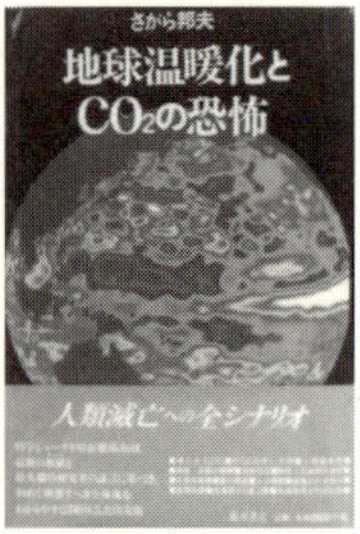

「京都会議」を徹底検証

地球温暖化は阻止できるか

〔京都会議検証〕

さがら邦夫編／序・西澤潤一

世界的科学者集団IPCCから「地球温暖化は阻止できない」との予測が示されるなかで、我々にできることは何か？　官界、学界そして市民の専門家・実践家が、最新の情報を駆使して地球温暖化問題の実態に迫る。

Ａ５並製　二六四頁　**二八〇〇円**
（一九九八年一二月刊）
◇4-89434-113-1

有明海問題の真相

よみがえれ！〝宝の海〟有明海

〔問題の解決策の核心と提言〕

広松伝

瀕死の状態にあった水郷・柳川の水をよみがえらせ（映画『柳川堀割物語』）、四十年以上有明海と生活を共にしてきた広松伝が、「いま瀕死の状態にある有明海再生のために本当に必要なことは何か」について緊急提言。

Ａ５並製　一六〇頁　**一五〇〇円**
（二〇〇一年七月刊）
◇4-89434-245-6